U0840600

本书得到“中欧煤炭利用近零排放合作项目”(NZEC)和中国清洁机制发展基金项目的资助

碳捕集、利用与封存技术进展丛书

THE GLOBAL INTELLECTUAL PROPERTY ANALYSIS OF CCUS AND ITS IMPORTANT TECHNOLOGIES

全球CCUS及其重要技术知识产权分析

中国21世纪议程管理中心 编著

科学出版社
北京

内 容 简 介

本书结合我国的国情，从知识产权风险与技术研发及市场应用相结合的角度，较为系统地分析了碳捕集、利用与封存（CCUS）及其各阶段全球专利发展的总体态势、国别比较、技术分布、主要专利权人、热点专利等，提出CCUS关键技术清单，并针对乙醇胺法脱碳、压缩机、地质建模等重点技术开展专利权人、发明人、专利保护、机构合作、核心技术遴选等分析，同时还调研了欧美日技术转移转化模式，期望为我国CCUS技术研发与工程应用提供参考。

本书可供科研决策机构、行业管理部门、企业等使用，也可供电力、油田、地质、环境、气候、化工等领域的科研与教学人员参考。

图书在版编目(CIP)数据

全球CCUS及其重要技术知识产权分析/中国21世纪议程管理中心编著.—北京:科学出版社,2016

(碳捕集、利用与封存技术进展丛书)

ISBN 978-7-03-048447-5

Ⅰ.①全… Ⅱ.①中… Ⅲ.①二氧化碳-收集-知识产权-研究-世界②二氧化碳-利用-知识产权-研究-世界③二氧化碳-保藏-知识产权-研究-世界 Ⅳ.①0613.71

中国版本图书馆CIP数据核字(2016)第119703号

责任编辑：王 倩／责任校对：邹慧卿

责任印制：张 倩／封面设计：无极书装

科学出版社 出版

北京东黄城根北街16号

邮政编码：100717

http://www.sciencep.com

北京凌奇印刷有限责任公司 印刷

科学出版社发行 各地新华书店经销

*

2016年6月第 一 版 开本：720×1000 1/16

2016年6月第一次印刷 印张：14 1/4 插页：2

字数：330 000

POD定价： 88.00元

(如有印装质量问题，我社负责调换)

编写委员会

主　　　笔　张九天　魏　凤　余　翔　李小春

副　主　笔　张　贤　周　洪

主要编撰人员　（按姓氏汉语拼音顺序）

邓阿妹　冯　灵　高　林　侯鑫鑫

江　娴　李春美　李小春　梁　鹏

刘　珊　刘　鑫　柳朝晖　陆诗建

魏　凤　魏　宁　伍亚萍　尹聪慧

余　翔　张　奔　张　栋　张　贤

张九天　赵　德　周　洪

总 序

工业革命以来的人类活动，尤其是发达国家在工业化过程中大量温室气体的排放，引起全球气候近50年来以变暖为主要特征的显著变化，对全球自然生态系统产生了显著影响。全球气候变化问题日益严峻，已经成为威胁人类可持续发展的主要因素之一，削减温室气体排放以减缓气候变化成为当今国际社会关注的焦点。

为避免对气候系统造成不可逆转的不利影响，世界各国必须采取有效措施减少和控制温室气体的产生和排放。在众多温室气体减排技术方案中，碳捕集、利用与封存（CCUS）技术是一项新兴的、可实现化石能源大规模低碳利用的技术，将可能成为未来全球减少二氧化碳（CO_2）排放和保障能源安全的重要战略技术选择。CCUS技术可以与能效技术、新能源技术、可再生能源技术等共同形成更稳妥、更经济的技术组合，能够更有效地实现保障发展和应对气候变化的双重目标。

为推动CCUS技术的发展，目前全球已有多个国家开展了相关的技术研发和示范，一批全流程的商业规模示范正在筹备和建设中，一些国家和国际机构还提出了未来20年或更长时期该技术的发展路线和目标，CCUS技术在全球范围呈现出加速发展的态势。

近年来，中国政府也对CCUS技术的发展给予了积极的关注，围绕相关技术政策、研发示范、能力建设、国际合作开展了一系列工作推动CCUS技术的发展：

（1）技术政策方面，《国家中长期科学和技术发展规划纲要（2006—2020年）》、《中国应对气候变化国家方案》、《中国应对气候变化科技专项行动》、《国家“十二五”科学和技术发展规划》等均将CCUS技术列为重点发展的减缓气候变化技术，积极引导CCUS技术的研发与示范。

（2）研发示范方面，从“十五”期间的技术跟踪和调研，到“十一五”期间国家重大科技专项、国家主体科技计划围绕 CCUS 技术较系统的研发部署，公共研发投入的力度不断加大，支持范围从侧重单一技术环节的研究和中试，迈向支持工业规模的全流程技术示范；从侧重局部的 CO_2 封存潜力评估，扩大到覆盖全国范围的封存潜力调查。

（3）能力建设方面，积极推动建立产学研结合的 CCUS 技术合作平台。在科学技术部的动员和推动下，国内相关企业、研究机构、高校等正在酝酿成立“中国 CCUS 产业技术创新战略联盟”，将成为行业间、机构间开展 CCUS 技术研发与示范合作的平台。

（4）国际合作方面，积极参与并推动 CCUS 技术相关多边和双边合作。中国是碳收集领导人论坛（CSLF）创始成员国之一，积极参与清洁能源部长级会议（CEM）框架下 CCUS 技术工作组、全球碳捕集与封存研究院（GCCSI）等合作机制的工作。CCUS 已成为我国双边科技合作的重点领域之一，近年先后与欧盟、美国、澳大利亚、意大利等国家和组织开展了全方位、多层次的 CCUS 技术合作。

尽管起步较晚，中国在 CCUS 技术方面都取得了长足进步。已经在上海建成了 10 万吨级燃煤电厂捕集示范，获得了与电厂热系统集成的宝贵经验；在吉林油田连续多年开展了提高采收率试验，充分验证了中国低渗油田采用 CO_2 驱油技术的适宜性；在河北成功开展了微藻固定 CO_2 制生物柴油中试，探索了 CO_2 能源化利用的技术方向；在内蒙古开展的 10 万吨级咸水层封存示范已开始稳定注气，将为中国咸水层封存 CO_2 积累宝贵工程数据和经验。这些不仅是中国 CCUS 技术发展的里程碑，也是中国为全球 CCUS 技术发展作出的重要贡献。

但是，从全球 CCUS 技术的总体发展来看，该技术仍处于研发和早期系统示范阶段，尚存在高成本、高能耗和长期安全性、可靠性待验证等突出问题。为解决这些问题，有必要进一步开展创新型技术的研发，降低 CCUS 技术系统的成本和能耗；有必要进一步加强全流程技术示范的开展，验证技术的应用效果并提升其成熟度；有必要推动形成科学的技术标准，保障 CCUS 技术应用的长期安全性；有必要探索建立有效的法律框架和监管体系，为全流程 CCUS 技术示范的开展和未来的应用提供保障。

为促进中国 CCUS 技术的发展，我们组织有关单位和专家编写了《碳捕集、利用与封存技术进展丛书》，包括《碳捕集、利用与封存技术——进展与展望》、

《中国碳捕集、利用与封存技术发展路线图研究》、《中国二氧化碳地质封存选址指南研究》等，旨在梳理和综述当前全球和中国 CCUS 技术发展现状，辨识 CCUS 技术未来发展的重点方向和路线，探索并提出 CCUS 技术相关政策、监管制度和标准的建议等。丛书凝聚了中国 CCUS 技术领域众多专家学者的智慧和心血，具有较强的参考价值，希望能对国内相关科研机构、有关企业以及相关领域的研究与实践起到积极的促进作用。

前 言

全球气候变化问题日益严峻，已经成为威胁人类可持续发展的主要因素之一。削减温室气体排放量以减缓气候变化成为当今国际社会关注的热点。在众多温室气体减排技术方案中，碳捕集、利用与封存（CCUS）是一项新兴的、可实现化石能源大规模低碳利用的技术。CCUS 是众多技术的集群，具有技术种类多、数量多、跨行业的复杂特性，同时它还具有维度性和阶段性特征并涉及众多的知识产权。随着 CCUS 的技术应用和工程启动以及国际合作研究项目的开展，中国面临较多尚待解决的技术难题和急需突破的核心技术，以及可能引发的知识产权问题。为此，摸底 CCUS 关键应用技术和中国拥有的知识产权具有重要的现实意义。

本书重点以 CCUS 从提出至今的发展过程中的专有技术为研究对象，使用文献调研法、层次分析法、分类法、专家咨询法、专利计量法等方法，开展以技术专利为主的 CCUS 技术知识产权分析。本书选择汤森路透集团的德温特创新索引（Derwent Innovations Index，DII）和 Innography 作为专利检索数据库，在相关文献调研和专家咨询的基础上，通过综合考虑相关技术领域关键词和有关分类号设定检索策略，并对检索结果进行人工清洗，从而获得检索分析工作的关键和基础——CCUS 专利数据库。

本书首先开展 CCUS 全球专利总体态势的分析，运用专利分析与计量、专利地图与可视化等方法，从 CCUS 专利的申请数量、技术领域、主要国家、专利权人等角度，对 CCUS 领域的技术创新与发展态势、专利布局等特点进行了分析，认为 CCUS 专利数量总体呈现增长趋势。尤其在近 10 年，多国专利数量都呈现不同程度的大幅上涨，相关技术创新增多，体现出国际社会对 CCUS 新兴领域的重视。

在分析 CO_2 捕集与运输技术清单及其专利时，为梳理 CO_2 捕集与运输技术的技术链，本书先对某油田 CCUS 预可研项目和某电厂 CCUS 预可研项目进行了调研。在此基础上，结合专家咨询、文献调研和层次分析，梳理了CO_2捕集和运输关键技术清单，这是进一步开展知识产权分析的基础。根据关键技术清单，对CO_2关键捕集技术国内外发展程度进行了对比分析，并对CO_2捕集与运输关键技术专利的国内外情况进行了整理和统计。

在分析CO_2地质利用与封存技术清单及专利时，本书梳理了某油田地质利用与封存的技术链，开展CCUS地质利用与封存的关键技术清单与专利检索研究，摸清CCUS地质利用与封存技术流程以及各阶段使用的各类关键技术、方法、设备、材料等；建立较为完整的CCUS地质利用与封存关键技术清单表，为CCUS技术的应用提供参照；检索并建立全球CO_2地质利用和封存专利信息数据库，了解并掌握关键技术的全球专利现状、分布（国家、时间、专利权人、机构等）、技术重点、核心专利等。

基于CCUS的捕集、运输、地质利用与封存的关键技术清单和专利的分析，本书对这些阶段的重点技术开展了专利分析。本书聚焦CO_2捕集关键技术——MEA（单乙醇胺）相关技术，开展了全球MEA研发机构专利数量、技术领域热点、国家专利特点、专利权人、核心专利及机构间合作关系等方面的分析，揭示全球MEA专利技术的现状、发展趋势，反映了美、日、欧的MEA研发机构在专利技术上的竞争能力较强。

本书还聚焦CO_2运输关键技术——CO_2压缩机，关注低成本、高效率压缩CO_2气体的新技术，从年度专利变化、专利权人、技术领域、专利价值、重点专利等方面进行了分析，并对法国液化空气集团、通用电气的重点专利进行了分析，发现中国在技术研究范围上与全球大致相同，但技术发展水平较国外发达国家还有一定差距。

本书还关注了CO_2利用与封存领域的地质建模与预测技术，从国际发展态势、技术分布、国家专利技术特点、专利权人合作和保护等角度，对全球地质建模与预测专利进行分析，发现中国与国外在该技术领域存在不小的差距，核心技术的缺乏将严重制约中国CCUS技术领域的发展和示范项目的开展。

在与国外机构开展国际合作的过程中，有必要探索建立CCUS知识产权的技术合作和技术转移机制。最后，本书通过研究创新技术转移模式的经验，学习跨国技术转移专业性机构的经验，结合技术转移法律政策，提出中国开展CCUS技术合作与转移的建议。

目 录 CONTENTS

第1章 绪论

全球气候变暖日益严峻，已经成为威胁人类可持续发展的主要因素之一，削减温室气体排放以减缓气候变化成为当今国际社会关注的热点。在众多温室气体减排技术方案中，碳捕集、利用与封存（CCUS）是一项新兴的、可实现化石能源大规模低碳利用的技术。除了节能与提高能源利用效率、发展新能源与可再生能源、增加碳汇，CCUS 技术将是未来减缓 CO_2 排放的重要技术选择（IPCC，2005a）。CCUS 包括 CO_2 捕集、运输、利用和封存等四个阶段，是众多技术的集群，具有技术种类多、数量多、跨行业的复杂特性。随着 CCUS 技术的应用和工程启动，以及国际合作研究项目的开展，我国还面临着关键核心技术的突破等一系列尚待解决的技术难题以及其可能引发的知识产权问题，为此摸底 CCUS 的关键应用技术和我国具有的知识产权具有重要的现实意义。

1.1 CCUS 技术的发展

全球气候变化、能源资源紧缺和生态环境恶化已为发展中的人类社会带来了更加频发的自然灾害和极端气候现象、日益严重的干旱和水资源危机、更为快速的海平面上升和生物物种灭绝。科学研究表明，上述问题的发生与大气中温室气体增加所造成的温室效应有着密切关联。1997 年，《联合国气候变化框架公约》（United Nations Framework Convention on Climate Change，UNFCCC）第三次缔约国大会在日本召开，大会通过的《京都议定书》中明确指出，针对二氧化碳（CO_2）、甲烷（CH_4）、氧化亚氮（N_2O）、氢氟碳化物（HFC*s*）、全氟碳化物（PFC*s*）及六氟化硫（SF_6）六种温室气体进行消减。虽然 CO_2 并不是温室效应能力最强的温室气体，但它带来的大气增温效应占到了所有温室气体总增温效应的 63%，是人为产生的对气候变化影响最大的温室气体，而且这些 CO_2 将在地球大气中留存 200 年。因此，减少 CO_2 排放被认为是控制全球升温的重要手段之一。

随着人们对气候变化问题的认识和重视程度的不断提高，CCUS 的概念逐渐得到了社会各界的认可。CCUS 是指将 CO_2从工业或其他排放源中分离出来，并运输到特定地点加以利用或封存，以实现被捕集 CO_2与大气的长期隔离①。在众多温室气体减排技术方案中，CCUS 是一项新兴的、可实现化石能源大规模低碳利用的技术。除了节能与提高能源利用效率、发展新能源与可再生能源、增加碳汇，CCUS 技术将是未来减缓 CO_2 排放的重要技术选择。2008 年，国际能源署（IEA，2008a）提出，CCUS 技术是解决气候变化问题的必要技术。目前，它已被广泛认定为是一种潜在的、可供选择的温室气体减排技术方案（IEA，2008b；IPCC，2007），是兼顾能源安全、经济持续发展与 CO_2大规模减排的战略性新兴技术（Akimoto et al.，2007；Friedmann et al.，2006；李小春等，2009；范英等，2010）。为掌握未来 CCUS 技术优势，美国、欧盟、澳大利亚、加拿大、日本等发达国家和地区都投入了大量的资金开展 CCUS 研发和示范活动，并制定相应法规、政策以积极推动 CCUS 的发展，试图尽早掌握该技术，以实现在控制本国 CO_2排放和全球 CCUS 产业竞争中占得先机。

作为一项具有战略意义的新兴温室气体控制技术，CCUS 技术总体上尚处于研发和示范阶段，目前仍存在许多制约其发展的突出问题，主要包括：能耗高、成本高、可持续发展效益不显著、长期封存的安全性和可靠性存在一定风险等。在目前的技术水平下，即使通过大规模应用也无法从根本上解决上述问题，因此急需加强技术研发和示范以提高技术本身的成熟度，同时通过建立 CO_2排放定价等机制，提高 CCUS 技术的经济性。

由于 CCUS 技术种类繁多，属于跨学科、跨产业、跨领域的众多技术集群，同时中国 CCUS 技术起步相对较晚，总体上仍处在研发和早期技术示范阶段，随着 CCUS 技术的应用和工程启动，中国还面临着关键核心技术的突破等一系列尚待解决的技术难题及可能产生的知识产权问题，因此摸底 CCUS 关键的应用技术和中国具有的知识产权具有重要的现实意义。

1.2 CCUS 技术的分类与作用

CCUS 是众多技术的集群，具有技术种类多、数量多、跨行业的复杂特性，同时它还具有维度性和阶段性特征。从实施的阶段顺序来讲，CCUS 依次分为 CO_2捕集、运输、利用和封存四个阶段；从维度特征来讲，可以从技术链、流程

① 目前国际上使用较多的提法是碳捕集与封存（CCS）技术，将 CO_2资源化利用也作为该技术系统的组成部分则称 CCUS，二者并没有本质的差别。

链、时间链、价值链等不同维度来描述 CCUS。因此，CCUS 的三大技术特征：维度特征、阶段特征和技术特征，既相互独立又相互交融，如图 1-1 所示。

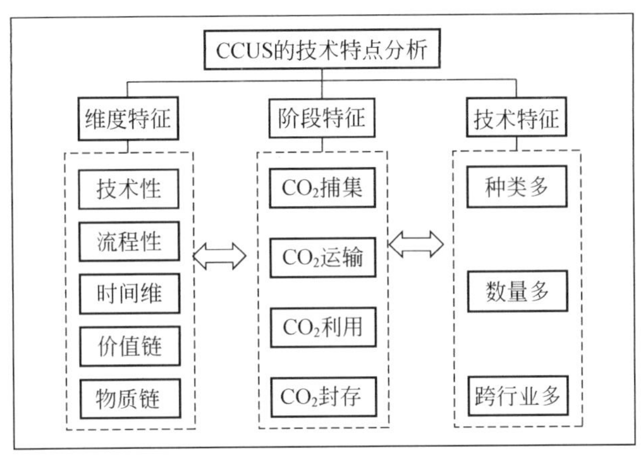

图 1-1　CCUS 技术特点框架图

从 CCUS 的技术流程来看，它包括 CO_2 捕集、运输、利用和封存各阶段在内的一系列的技术集群；从产业流程角度，CCUS 依次涉及能源、钢铁、化肥、水泥、交通、化工、地质勘探、环保等众多 CO_2 排放源行业，其中运输行业和地质领域的行业交叉性、涉及面之广超过任何一个领域；从时间角度来看，CCUS 不仅应用了传统行业已有的相关技术，还有许多 CCUS 领域的专业技术被研发，如乙醇胺法脱碳技术（MEA），MEA 常在传统化工行业中用于脱除 CO_2，在 CCUS 发展后，将胺法脱碳用于能源、钢铁等行业的 CO_2 捕集、提纯，并在提高吸附效率和减少能耗的技术上得到进一步发展；从价值链角度来看，在 CCUS 每一阶段的 CO_2 物质流出流入过程中，都存在 CO_2 价值的转移。

1.2.1　捕集技术

CO_2 捕集是指将电力、钢铁、水泥等行业利用化石能源过程中产生的 CO_2 进行分离和富集的过程。CO_2 捕集是 CCUS 系统耗能和成本产生的主要环节，成本较高是技术开展和推广的关键制约因素之一（Van Bergen et al.，2004），其占到碳捕集和封存总成本的 82% ~91%（Metz and Bert，2005）。按照技术路线，CO_2 捕集方式一般分为燃烧后捕集、燃烧前捕集及富氧燃烧捕集三大类（IPCC，2005b）。

适合捕集的排放源包括发电厂、钢铁厂、水泥厂、冶炼厂、化肥厂、合成燃料厂以及基于化石原料的制氢工厂等，其中化石燃料发电厂是 CO_2 捕集最主要的排放源。目前阶段，适合应用 CCUS 技术的排放源应该具备以下三个特征：①规模大，实施规模越大，CO_2排放所需的单位 CCUS 技术投资成本越低；②CO_2浓度高，排放气流中的CO_2浓度越高，捕集的经济效益越好；③靠近封存地点，排放源与封存地点之间的距离对是否能够实现CO_2减排有着重要的影响。

1. 燃烧后捕集

燃烧后捕集是指从燃烧设备（锅炉、燃机、石灰窑等）排出的烟气中捕集或者分离CO_2。其基本流程是：从锅炉中出来的烟气首先经过脱销、除尘、脱硫等净化措施，调整烟气的温度、压力等参数，以满足CO_2分离设备的要求；处理后的烟气进入吸收装置，CO_2被脱除；富含CO_2的吸收剂（或者吸附物质等）经过解吸后释放高浓度CO_2，并实现吸收剂的再生；高浓度的CO_2被捕集后，经过加压液化、运输，最终被封存或者利用。

这种技术路线适用于各类改造和新建的CO_2排放源，包括电力、钢铁、水泥等行业，应用范围广。但由于燃烧后的烟气体积流量大、CO_2分压小，脱碳过程能耗较大，设备投资和运行成本较高，因而捕集成本较高。

根据分离介质，燃烧后捕集技术分为吸收法、吸附法及膜分离法（Mohamed et al.，2007；晏水平等，2006；王阳等，2008；于笑丹等，2014）。化学吸收法应用最为广泛，目前世界上首个电厂大型 CCS 示范项目—加拿大边界大坝项目采用的就是这种技术路线。在燃烧后化学吸收法方面，主流的技术提供商包括壳牌、西门子、三菱、阿尔斯通、华能集团等公司，其技术区别主要在于所使用吸收剂的不同。然而目前CO_2捕集技术所面临的共性问题是能耗和成本过高，阻碍了技术的大规模推广。

据 Global CCS Institute 统计，2013 年全球 CCS 大规模一体化项目共有 65 个。在这些项目中，以电厂为排放源的项目 30 个，占项目总量的 46%。其中，采用燃烧后捕集技术的占 50% 以上。燃烧后捕集技术相对成熟，可用于现有绝大部分的燃煤电厂、水泥厂和钢铁厂等大型工业企业，应用潜力巨大。该领域应用最广泛的是化学吸收法，在部分化工行业已有多年的工业应用经验。在燃烧后捕集技术的工业示范方面，中国与发达国家的差距不大，中国已经开展了 3000 ~ 10 万 t/a 的 4 个工业示范，国外示范装置数量大于 6 个，其中美国和加拿大都开展了百万吨级年的工业示范。当前，制约该技术商业化的主要因素仍然是较高的能耗和成本。目前国外示范装置的最新能耗为 2. 6 ~ 3. 0GJ/t，成本为 29 ~ 51 美元。中国的示范装置能耗为 2. 8 ~ 3. 2GJ/t，成本为 250 ~ 300 元（2014 年的价格参考）。发展瓶颈主要是捕集溶剂结构和捕集能耗及捕集成本的本质关系。所以在

CO_2捕集技术的发展方向上，需要进一步研发和示范以新型捕集溶剂和材料、新型捕集设备、新型过程工艺和能量集成技术为主的第二代捕集技术，并适当进行第三代捕集技术的基础研究。

在燃烧后捕集过程中，吸收剂是影响捕集能耗最大的部分，先进吸收剂具有大幅降低能耗的潜力，是当前国内外燃烧后捕集技术开发的重点；固体吸附和膜分离作为新型的捕集技术，虽然技术还不成熟，但在投资成本、能耗、环保以及防腐等方面均有明显的优越性，有较大的发展潜力，是未来可能的重要技术选择；热集成与耦合优化通过捕集系统与电厂系统进行集成耦合，能一定程度降低捕集能耗。

2. 燃烧前捕集

燃烧前捕集的基本原理就是在煤炭燃烧前，将煤炭中的碳元素通过化学反应转化成 CO_2去除。燃烧前捕集在降低能耗方面是最具潜力的技术，主要用于煤气化联合循环发电（IGCC）和部分化工过程。电厂通过燃烧前捕捉系统捕捉 CO_2 的基本流程是：在化石燃料燃烧前，首先对煤炭进行气化反应，把煤炭转化为 CO 和 H_2的合成气；待合成气冷却后，再经过蒸汽转化反应，使合成气中的 CO 转化为 CO_2，同时产生更多的 H_2，CO_2和 H_2的密度差异较高，易于分离；此时再将 CO_2从混合气体中分离出来进行捕集，让 H_2作为无碳能源进行发电（吕玉坤等，2010；Christian and Hartmut，2010）。

国外电厂燃烧前捕集中试验已经运行，国内 30MWh 的中试系统已于 2015 年在天津 IGCC 电厂建成。在燃烧前捕集技术中，水煤气变换在化工行业较为成熟，是燃烧前捕集能耗占比最大的部分。当前，该技术主要瓶颈是系统复杂，富氢燃气发电等关键技术还未成熟，新的 H_2/CO_2分离技术和中高温耐硫变换等技术还未得到突破。

3. 富氧燃烧捕集

富氧燃烧捕集技术是指一种用纯氧或富氧气体混合物代替助燃空气，实现化石燃料燃烧利用的技术，其燃烧干烟气中 CO_2含量可达到80%以上，再经过简易的压缩纯化过程即可达到95%以上的纯度，满足大规模管道输送和存储的需要。富氧燃烧捕集的基本流程是：首先运用空气分离装置对空气进行氧气提纯，然后让煤和纯氧进行燃烧；接着对燃烧产生的烟气实施冷却、脱硝、脱硫和除尘处理，这样就得到了高浓度的 CO_2；最后经过加压、脱水、运输，最终被封存或者利用（孔红兵等，2012；郑楚光等，2014）。

该技术可用于部分燃煤电厂的改造和新建燃煤电厂。尽管在玻璃、冶金行业采用富氧燃烧已有近百年的历史，但这些行业的工业过程中富氧燃烧主要用于提供高温和直接加热，而不是用于发电和捕集 CO_2。具有碳捕集能力的燃煤电厂富氧燃烧技术的研发历程不到 20 年。目前，德、法、澳、西、中等国已分别建成十万吨级的工业示范装置，部分装置已开展了数万小时的性能考核试验，英国白玫瑰 426MWe 富氧燃烧大型示范正在进行可行性研究，阿尔斯通、美国巴威、斗山巴布科克、石川岛播磨、日立等国际动力巨头和国内的东方电气集团都在该技术方向有技术储备。低能耗大规模制氧技术、酸性气体压缩技术和系统集成优化技术是降低富氧燃烧技术投资和运行成本的关键，也是现阶段该技术发展的瓶颈。其中，制氧在整个捕集过程中的能耗最大，低能耗大规模制氧技术是显著降低脱碳能耗的关键。

1.2.2　运输技术

CO_2运输是指将捕集的 CO_2运送到利用或封存地的过程，是捕集和封存、利用阶段间的必要连接。在某些方面，CO_2运输与油气运输有一定相似性，包括管道、船舶、铁路和公路等方式，其中管道运输技术最具应用潜力。

国际上在 CO_2管道输送方面已有多年、大量的工程实践，大部分位于美国。美国现有的 CO_2管道设施已经有超过 40 年的历史，主要集中在德克萨斯州、新墨西哥州、俄怀明州、密西西比州和达科他州，用于支撑 EOR 中大规模 CO_2的运输，其中德克萨斯州和新墨西哥州是美国 EOR 的 CO_2管道发展中心（WRI，2008）。美国最古老的远距离 CO_2管道是得克萨斯州约 225 公里的峡谷礁运营商管道（Canyon Reef Carriers Pipeline），于 1972 年开始用于区域油田提高采收率（Kinder Morgan CO_2 Company，2009）。2014 年，美国正在运营的干线管网长度超过 6600km，输送相态多为超临界或密相。

CO_2通常是以超临界流体形式运输，其比一般流体更可压缩，并保留了类似气体通过孔隙扩散的能力，这种状态对于管道运输是最有效率的。为了获得超临界状态的 CO_2，管道运输压力需达到 1200～2700psi（合 6.89～18.62 MPa），加拿大 Weyburn 运营的管道压力甚至达到 2964psi（约 20.44MPa）（Perry et al.，2004）。这个压力比大多数天然气管道的运营压力要高，天然气管道的压力通常为 200～1500psi。超临界 CO_2在管道、泵中类似流体，管道沿线需要设置升压站，以保持 CO_2管道必要的压力。

气态 CO_2和液态 CO_2的运输一般使用储罐车、管道及船舶，将 CO_2制成干冰和水合冰运输，成本和能耗较高。目前液化天然气的海运技术已经非常成熟，相关技术和经验可被借鉴用于液态 CO_2的运输。尽管 CO_2可以通过火车、货车、轮船运输，但这些方式数量相对有限，并不适于大规模 CCS 的开展（徐孝轩等，2003）。

目前，中国 CO_2 的运输主要以低温储罐公路运输为主，但已开展了气相和超临界管道输送的工艺及安全控制技术研究，并结合中国部署的 CCUS 示范工程开展了管道输送工程的可行性研究。

1.2.3 利用技术

CO_2 利用技术是 CCUS 重要组成部分，也是中国较为关注的技术发展领域。它是指利用 CO_2 的物理、化学或生物作用，在减少 CO_2 排放的同时实现能源增产增效、矿产资源增采、化学品转化合成、生物农产品增产利用和消费品生产利用等技术，是具有附带经济效益的减排途径。根据学科领域（原理）的不同，CO_2 利用技术主要分为三大类：CO_2 地质利用技术、CO_2 化工利用技术和 CO_2 生物利用技术。CO_2 利用技术应用领域广泛，涵盖能源增采与合成、资源增采、化学品合成、消费品生产等众多领域，涉及众多技术和产品目标。其中 CO_2 地质利用技术主要包括 CO_2 驱石油、天然气、煤层气、页岩气、地热、铀矿和地下水等；CO_2 化工利用主要包括 CO_2 重整制合成气、裂解制液体燃料、合成甲醇、碳酸二甲酯、甲酸、可降解聚合材料、异氰酸酯/聚氨酯、聚碳酸酯等多种化工产品的技术；CO_2 生物利用主要包括微藻固定 CO_2 制备生物燃料、生物肥料、食品和饲料添加剂、气肥等生物产品的技术。CO_2 利用技术不仅可部分抵消 CO_2 捕集和运输成本，还可以创造额外的经济效益，因此成为目前中国期望推进的技术领域之一。利用技术方面，本书主要分析 CO_2 地质利用。

1. 地质利用

CO_2 地质利用（CO_2 Geological Utilization，CGU）是指将 CO_2 注入地下，利用地下矿物或地质条件生产或强化有利用价值的产品，且相对于传统工艺可减少 CO_2 排放的过程。目前，CO_2 地质利用主要包括 CO_2 强化石油开采、CO_2 驱替煤层气、CO_2 强化天然气开采、CO_2 增强页岩气开采、CO_2 增强型地热系统、CO_2 铀矿浸出增采、CO_2 封存采水等（Mc Gonagle，1998；Fouillac et al.，2004；Rebscher et al.，2005；Phmd，2009；Kuuskraa et al.，2009；Gadonneix，2010；Li et al.，2013；沈平平等，2007；许志刚等，2007；方志明等，2010）。

CO_2 强化石油开采技术（简称强化采油，CO_2 Enhanced Oil Recovery，CO_2-EOR）是指将 CO_2 注入油藏，利用其与石油的物理化学作用，以实现增产石油并封存 CO_2 的工业工程。CO_2 驱油技术在国外已有近 60 年的发展和应用，运营的

CO_2驱油项目超过 100 个，技术趋于成熟。中国自 20 世纪 60 年代开始关注CO_2驱油技术及其应用，已经开展了全国油田 CO_2-EOR 潜力和适宜性评估，并建立了符合中国油藏特点 CO_2-EOR 潜力与适宜性评价体系，在中石油吉林油田、中石化胜利油田、延长油田等，开展 CO_2驱油关键技术攻关和工业规模的试验，运行时间最长已超过 10 年，CO_2驱油注入总量超过 100 万 t/a，平均提高原油采收率超过 8%，并制定了相关的 CO_2驱油的相关国家标准和规范，并且中国石油与中国神华已在鄂尔多斯盆地开展 100 万 t/a 煤化工 CO_2捕集与 CO_2驱油的工业实验的前期准备工作，与国外相比主要差距在工程经验和配套装备等方面。

CO_2驱替煤层气技术（简称驱煤层气，CO_2-Enhanced Coalbed Methane Recovery，CO_2-ECBM）是指将 CO_2或者含 CO_2的混合气体注入深部不可开采煤层中，以实现 CO_2长期封存同时强化煤层气开采的过程。中国煤层气资源极为丰富，大力开发煤层气资源并加以规模化利用，对缓解国家能源供需矛盾具有重要意义。CO_2驱煤层气技术的研究始于 20 世纪 90 年代初，众多理论研究结果显示其具有显著的 CO_2封存和煤层气增产潜力，但为数不多的几次现场试验结果差异较大。中国已在煤质条件较好的沁水盆地开展了单井现场试验（叶建平等，2007），需开发适合中国普通低渗透软煤层的成井、增渗及过程控制等技术。目前在云南开展新的 ECBM 现场实验。中国 CO_2驱替煤层气所需的大部分设备在石油及煤层气产业中都已有应用，并且大多已经实现国产化。

CO_2强化天然气开采技术（简称强化采气，CO_2-Enhanced Natural Gas Recovery，CO_2-EGR），指注入 CO_2到即将枯竭的天然气气藏底部，将因自然衰竭而无法开采的残存天然气驱替出来从而提高采收率，同时将 CO_2封存于气藏地质结构中实现 CO_2减排的过程，也称为 CSEGR（Carbon Sequestration with Enhanced Gas Recovery）（Al-Hashami et al.，2005）。中国气藏的强化采气技术 CO_2封存容量为 9.13 亿～45.67 亿 t，并可增采相当于 0.85 亿～2.54 亿 t 的天然气，实现 CO_2的间接减排。目前国外强化采气技术处于技术示范的初期到中期水平（Barbara，2012；孙晓岭等，2012），虽然公布的试验结果较少，但一些试验已初步证明该技术的可行性，中国强化采气技术处于基础研究水平，国家自然科学基金方面仅有一项有关 CO_2注入枯竭气藏中实现地质封存的研究。

此外，CO_2地质利用还包括 CO_2增强页岩气开采、CO_2增强型地热系统、CO_2铀矿浸出增采、CO_2封存采水等，分别涉及利用 CO_2代替水来压裂页岩、以 CO_2为工作介质进行地热开采利用、采出铀矿、驱替高附加值液体矿产资源（如锂盐、钾盐、溴素等）或深部水资源等领域（Pruess，2008；田新军等，2006；许志刚等，2007）。

2. 化工利用

CO_2化工利用是指以化学转化为主要特征，将CO_2和共反应物转化成为目标产物，从而实现CO_2的资源化利用。目前，已经实现了CO_2较大规模化学利用的商业化技术主要包括CO_2与氨气合成尿素、CO_2与氯化钠生产纯碱、CO_2与环氧烷烃合成碳酸酯以及CO_2合成水杨酸技术（Lemonidou and Vasalos，2002；Bachu，2008；Miller et al.，2008；Lee，2012；刘志坚等，2001；包炜军等，2007；靳治良等，2010；马楷等，2010）。尤其是CO_2与氨气合成尿素技术，每生产1 t尿素直接利用CO_2 0.74 t左右。2012年中国尿素产量超过了7000万t，利用CO_2约5000万t，工业产值达到了约1400亿元。预计2020年和2030年中国尿素产量将可能分别达到8000万t和10 000万t，利用CO_2约6000万t和7000万t。对于CO_2与氯化钠在氨气作用下合成纯碱技术，每生产1 t纯碱大约理论消耗CO_2接近0.42 t。2012年中国纯碱产量约2400万t，表观消耗的CO_2约1000万t，工业产值达到了约360亿元。预计2020年和2030年中国纯碱产量将可能分别达到5000万t和7000万t，利用CO_2约2000万t和2900万t。对于合成碳酸酯和水杨酸技术，由于目标产品在2012年产量均小于30万t，总体利用CO_2的量约每年在20万t以内，且目前的技术由于受其潜在技术的竞争，发展前景并不乐观。CO_2矿化技术在“十二五”国家科技支撑计划的支持下，已经取得了突破性进展，衔接中国的钢铁和磷肥产业，完成了万吨级的工业测线，既实现了固体废弃物的有效利用，也实现了CO_2的高效减排。

除了目前已经商业化的技术以外，近十年来，重点关注和研究的CO_2化工利用技术主要包括生产能源、化学品和有机功能材料等方向，各方向分别包含若干技术途径，所涉及的产品众多。

3. 生物利用

CO_2生物利用技术是指以生物转化为主要特征，通过植物光合作用等，将CO_2用于生物质的合成，从而实现CO_2资源化利用。近年来，CO_2生物利用技术已经成为全球CCUS中的后起之秀（Styring and Jansen，2011）。

当前，CO_2生物利用技术还处于初期发展阶段，其研究主要集中在微藻固碳和CO_2气肥使用上。其中，微藻固碳技术主要用于能源、食品和饲料添加剂、肥料等生产，包括微藻固定CO_2转化液体燃料和化工产品、微藻固定CO_2转化为生物肥料、微藻固定CO_2转化为食品和饲料添加剂等（Spolaore et al.，2006；Hu et al. , 2008; Norsker et al. , 2011; Lam et al. , 2012; 刘建平等, 1999; 高春芳等, 2011; 王琳等, 2012; 王锦秀和郝小红, 2013)。

目前, 中国科技部已启动基础性工作专项开展中国产油微藻的调查, 973 项目研究微藻能源规模化制备的科学基础, 863 项目开展微藻固碳关键技术与产品开发。同时正在开展计划每年固定 2 万 t CO_2 的微藻固碳生物能源示范项目。

1.2.4 封存技术

CO_2 地质封存是指通过工程技术手段将捕集的 CO_2 封存于地质构造中, 实现与大气长期隔绝但不产生附带经济效益的过程。按封存地质体及地理特点划分, 主要包括陆上咸水层封存、海底咸水层封存、陆上枯竭油气田封存和海底枯竭油气田封存等方式。有些情况下封存的 CO_2 气体中含一定量的 H_2S 等酸性气体杂质, 对封存有特定的技术要求, 较典型的有酸气回注技术①。目前, 长期安全性和可靠性是 CO_2 地质封存技术发展所面临的主要障碍 (Aydin et al. , 2010; Victor et al. , 2011; 刁玉杰, 2011)。

1. 陆上咸水层封存

沉积盆地地下深部存在体积巨大的咸水含水层, 咸水不宜开发利用, 可用来储存大量的 CO_2 (李小春等, 2006)。陆上咸水层封存所需技术要素几乎都存在于油气开采行业 (李小春和方志明, 2007; 张二勇等, 2009), 油气行业已有技术要素能够部分满足示范工程的需求。油气开采区域是 CO_2 地质封存的首选之地, 因为这种地质构造在地质年代时期内一直保存流体, 同时在油气田开采中已经积累了不少的 CO_2 封存的专业技术经验。此外, 注入 CO_2 可以提高采收率, 具有经济效益。对中国而言, 陆上咸水层封存各技术要素的发展程度存在较大差异, 如监测与预警、补救等技术还仅处于研发水平。目前, 中国正在开展 10 万 t/a 规模的咸水层封存示范, 相关技术和经验还在积累过程中。

---

① 目前, 酸气回注主要是将随天然气生产开采出的 H_2S 和 CO_2 注回地下的过程, 以实现两种气体的减排。酸气回注技术也可用于其他领域, 如将燃烧前、富氧燃烧等工艺捕集的含杂质高浓度 CO_2 注入咸水层等地质封存体。

2. 海底咸水层封存

海底咸水层封存与陆上咸水层封存有一定相似性，但在海洋平台及钻井的再利用、封存安全性监测等方面比陆上具有更大的挑战性。海底咸水层封存国际已有多年工程实践经验，中国已开展在东海和南海的预可行性研究，但目前尚无示范先例。

3. 陆上枯竭油气田封存

陆上枯竭油气田封存与陆上咸水层封存也很相似，但需要重点关注原有注采井的完整性、前期抽采扰动后盖层、断层的密封性评价。酸气回注的特殊性在于酸气对工程材料的腐蚀性和地层的损伤等，国外已有 60 多个商业项目正在运行，国内还没有进行过工程示范。

4. 海底枯竭油气田封存

海底枯竭油气田封存与海底咸水层封存相似，也需要重点关注原有注采井的完整性、前期抽采扰动后盖层、断层的密封性评价。

1.3 CCUS 技术的知识产权问题分析

随着经济全球化的不断深入，世界经济一体化程度的逐渐加深，知识产权作为国际竞争力的核心要素和国家发展的战略性资源，已经成为许多国家发展和博弈的重要手段。以美国为代表的发达国家不断强化在知识产权领域的战略部署，加强对知识产权资源要素的支配和控制力，注重其对经济发展的核心驱动作用，充分依托创新活动过程中的知识产权成果，加强在全球范围内的经济封锁和利益分配控制，维持本国或地区持续竞争优势和发展活力。中国也大力实施国家知识产权战略，明确要求大幅度提升中国知识产权创造运用保护和管理能力，为建设创新型国家和全面建设小康社会提供强有力的支撑。知识产权产业正在加速孕育发展，将逐渐成为世界各国新的经济增长点。

CCUS 作为 CO_2 大规模减排的战略性新兴技术，属于跨学科、跨产业、跨领域的技术集群，涉及技术种类和知识产权繁多。随着 CCUS 技术的应用和工程启动，以及国际合作研究项目的开展，中国尚且面临着急需突破的关键核心技术等一系列技术难题和可能引发的知识产权问题，为此摸底 CCUS 关键的应用技术和中国具有的知识产权具有重要的现实意义。

1.3.1 知识产权的定义

知识产权（Intellectual Property Right），也被称作智力成果权、智慧财产权，指的是基于智力的创造性活动所产生的权利（Acharya and Keller，2007），是个人或组织对其在科学、技术、文学艺术等领域里创造的精神财富或智力成果所享有专有权或独占权。17 世纪中叶，法国学者卡普佐夫最早将一切来自知识活动领域的权利概括为“知识产权”，比利时著名法学家皮卡第进一步作了引申。几个世纪以来，知识产权的概念一直在变化，至今尚未达成一致。各国的法学专著、法律条款乃至国际条约都是通过列举的方式从外延的角度来界定知识产权的概念（Aghion and Howitt，1992）。

现代知识产权的概念来自于 1967 年《世界知识产权组织公约》（World Intellectual Property Organization，WIPO）第 2 条第 8 款规定，知识产权包括：①与文学、艺术及科学作品有关的权利；②与表演艺术家的表演以及录音制品和广播节目有关的权利；③与人类努力的各个领域的发明有关的权利；④与科学发现有关的权利；⑤与工业品外观设计有关的权利；⑥与商标、服务商标、商业名称和标志有关的权利；⑦与制止不正当竞争有关的权利；⑧在产业、科学、文学和艺术领域内由于智力活动而产生的其他一切权利。这对知识产权做出了定义，并得到了世界绝大多数国家的认同。

另外两个具有较大影响力的知识产权定义，分别为《与贸易有关的知识产权协议（TRIPS）》的定义和国际保护工业产权协会（简称 AIPPI）在 1992 年东京大会上的规定。TRIPS 协议第 1 条第 2 款从“与贸易有关的”角度规定，知识产权包括：①版权与邻接权；②商标权；③地理标识权；④工业品外观设计权；⑤专利权；⑥集成电路布图设计（拓扑图）权；⑦商业秘密。AIPPI 将知识产权分为创造性成果权与识别性标记权两大类。前一类包括发明专利权、集成电路权、植物新品种权、know-how 权（也称技术秘密权）、工业品外观设计权、版权、软件权等 7 项权利；后一类包括商标权、商号权（也称厂商名称权）、其他与制止不正当竞争有关的识别性标记权 3 项权利。

对于 CCUS 技术来说，在知识产权创造、运用、保护、管理以及技术转移工作过程中，将伴随着知识产权的应用问题，所涉及的知识产权类型包括专利、商标、版权、技术秘密等。根据 CCUS 技术的特点，CCUS 技术的知识产权具有涉及学科多、产业广、跨领域等特点。其中，CCUS 技术专利在所有 CCUS 知识产权中占有重要地位，也是本文开展分析的重点研究对象。

1.3.2 CCUS 知识产权问题的重要性

在全球气候变化日益严峻的形势下，中国在能源利用及环境保护方面面临着极大的挑战。为了应对以 CO_2 为主的温室气体排放所带来的气候变化，中国从 2006 年开始不断出台各项针对 CO_2减缓的政策与规划，大力加强 CCUS 技术的研发与试点示范，国内高校、科研机构和企业与欧盟、澳大利亚、意大利、日本、美国等相关机构也开展了广泛的科技交流与合作。在此背景下，为揭示 CCUS 技术的现状、发展趋势，分析尚待解决的技术难题和急需突破的核心技术以及可能引发的知识产权问题，以支撑中国在这重要技术领域中的研发和产业化，有必要开展 CCUS 技术知识产权问题的研究。

1）分析中国现有技术不足，避免受制于人

在 CCUS 项目涉及的众多技术领域中，中国企业与本领域的跨国巨头在专利技术水平和战略布局上，尚存在着一定的差距，可能面临知识产权壁垒，形成技术依赖；随着合作项目的纵深发展，已有的或潜在的知识产权问题也日益凸显。因此，有必要梳理现有 CCUS 技术的知识产权问题，摸底 CCUS 关键的应用技术，分析中国在关键技术/设备的研发、先进技术/设备的研发、急需技术或设备的开发等方面存在的不足或缺失情况，挖掘潜在风险并提出相应建议。

2）支撑中国 CCUS 技术知识产权保护战略

通过分析关键技术知识产权，明确中国和国际在 CCUS 关键技术上的申请情况，对于国内外都没有申请专利的关键核心技术开展研发，应尽快取得自主知识产权；对于国内外发展差距不大、且双方专利数量不是很多的技术增加研发投入，以期追赶国际水平。在分析的基础上，有步骤、有方法、有重点地对核心和关键的创新技术申请专利，形成专利保护墙，保护中国 CCUS 技术的应用创新和相关产业的发展。

3）避免重复研究开发和无效的投入

开展专利信息等知识产权的检索和分析，了解国内外 CCUS 相关领域技术的最新的研究技术现状和发展态势，从而优化创新路径、避免重复研究、提高创新效率，从而避免无效的投入。

4）支撑 CCUS 技术合作与转移

在重要的跨国科技合作项目中，为避免知识产权纠纷，保证合作的顺利开展和研究目标的有效达成，有必要梳理知识产权协议和条款。通过从组织性质、研发模式、组织人员、转移流程、激励模式等角度分析美国、日本、欧洲技术转移经验。结合中国经验，建立有效的信息共享和技术转移机制，构建互助互惠、利益共享的知识产权合作平台，保障科技合作开展、技术转化和技术转移的顺利进行，维护和引导国际合作研究开发、技术创新的良性发展。

1.4 本章小结

全球气候变化问题日益严峻，已经成为威胁人类可持续发展的主要因素之一，削减温室气体排放以减缓气候变化已成为当今国际社会关注的热点。目前，CCUS 是在众多温室气体减排技术方案中，被广泛认可的一种潜在的、可供选择的温室气体减排技术方案，是兼顾能源安全、经济持续发展与 CO_2 大规模减排的战略性新兴技术。因此欧美等发达国家不断投入大量资金进行该技术的研发与示范，并积极推动相关政策、法规与机制的制定。

CCUS 是众多技术的集群，具有技术的种类多、数量多、跨行业多的复杂特性，同时它还具有维度性和阶段性特征。从实施的阶段顺序来讲，CCUS 依次分为 CO_2 捕集、运输、利用和封存四个阶段。从维度特征来讲，能从技术链、流程链、时间链、价值链等不同维度来描述 CCUS。因此，CCUS 的三大技术特征：维度特征、阶段特征和技术特征，既相互独立、又相互交融。

CCUS 属于跨学科、跨产业、跨领域的技术集群，涉及技术种类和知识产权繁多。随着 CCUS 的技术应用和工程启动，以及国际合作研究项目的开展，中国面临较多尚待解决的技术难题和急需突破的核心技术以及可能引发的知识产权问题，为此摸底 CCUS 关键的应用技术和中国具有的知识产权具有重要的现实意义。

第 2 章

CCUS 技术知识产权分析方法

本章介绍本书 CCUS 技术的研究对象、分析方法、全流程关键技术评价方案和专利数据库。本章重点以 CCUS 被提出并发展以来的专有技术为研究对象，开展以技术专利为主的 CCUS 技术知识产权分析。分析方法包括文献调研法、层次分析法、分类法、专家咨询法、专利计量法等。本章还确定了 CCUS 全流程关键技术的六个评价维度，为 CCUS 示范项目技术转移目标的选择、关键技术及知识产权的应用研究提供参考。

2.1 研究对象

从对 CCUS 技术特点分析可知，CCUS 是集相关行业众多技术为一体的技术集群，它不仅包括相关行业已在利用的成熟技术，而且还包含有 CCUS 提出并发展以后的专业应用技术，如各种物理化学方法、设备、装置、测试、工艺、材料、计算、模拟等，其数量相当庞大，仅全球申请的专利已超过 20 万项，CCUS 的专有技术约 4660 项，如图 2-1 所示。图 2-1 表示了 CCUS 全技术和 CCUS 领域专有技术专利全球数量的对比情况。

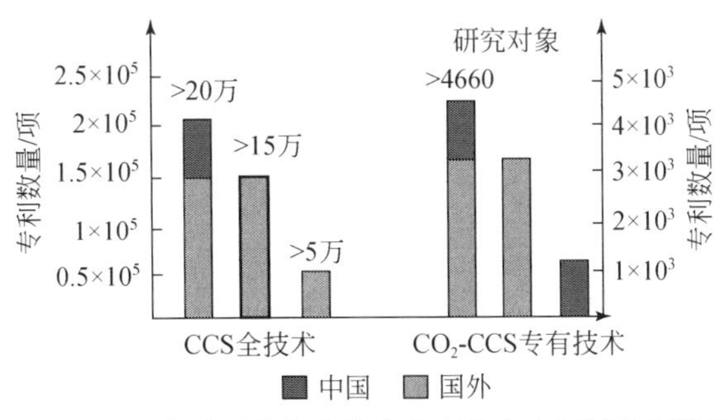

图 2-1　CCUS 可能涉及的行业技术专利和专有领域专利数量对比

因此，为了真实反映 CCUS 领域的全球发展态势与技术分布状况，本文重点以 CCUS 被提出并发展以来的专有技术为研究对象，开展技术专利的全球态势分析，这样才能尽量避免因 CCUS 涉及的电力、化工、石油天然气等传统大型行业技术专利所带来的分析误差。

2.2 分析方法

为了准确检索 CCUS 领域的技术专利，分别对专利检索库、检索方法和检索时间做了选择。其中，专利检索库在德温特创新索引国际专利数据库（DII）、中国科学院专利在线平台专利数据库、Innography 专利检索数据库的基础上，结合各数据库的数据信息，开展 CCUS 专利的筛选、清理和分析。

为了针对 CCUS 关键技术清单建立与专利分析的研究，主要采用层次分析法、专家咨询法、分类法、文献调研法、科学计量法等方法开展相关工作，主要包括：

（1）文献调研法：开展 CCUS 地质利用与封存领域论文、会议、网络信息等方面的调研，了解 CCUS 地质利用与封存的应用技术；

（2）层次分析法：主要是根据 CCUS 技术实施的先后顺序，在技术分类原则的基础上，首先对 CCUS 技术阶段进行划分，然后在各技术阶段中，对每项技术流程进行分析，对各技术进行分类，并结合文献调研法，提出该技术类别或技术亚类中具体可操作的技术。

（3）分类法：在文献调研的基础上，结合层次分析法，建立 CCUS 分类体系表。

（4）专家咨询法：在初步建立 CCUS 地质利用与封存关键技术清单的基础上，通过专家咨询与建议，修改完善并确定最后的 CCUS 地质利用与封存的关键技术清单表，提出我国需引进的 CCUS 关键核心技术。

（5）专利计量法：通过对技术专利的关键参数信息的检索，对 CCUS 专利的整体状况、关键技术专利、核心专利等全球发展的特点、趋势、现状及我国存在的不足开展分析，找到我国 CCUS 技术链与关键技术发展的薄弱环节，为 CCUS 工业化发展建议提供信息的支撑。

2.3 全流程关键技术评价方案

本书研究梳理了 CCUS 全流程关键技术清单，并邀请了 CCUS 各领域的专家，对各项技术的发展现状成熟度、技术重要性、技术应用范围、主要生产厂家、国内外技术水平和技术差距等情况进行了评价，并建立了统一的技术评价指标，为CCUS示范项目技术转移标准的选择、关键技术及知识产权的应用研究提供参考。

CCUS全流程关键技术的六个评价维度分别是技术成熟度、CCUS关键技术评价、技术重要性评价、技术应用范围、国内外主要生产厂家、国内外技术水平与技术差距。

1）技术成熟度评价

技术成熟度指数评分等级：以4代表满足本技术的商业规模长期封存要求或者适用于普通技术人群；3工业示范应用；2中试（实验室应用）；1基础研究；0表示尚无概念。

2）CCUS关键技术评价

以1代表该技术类别是实现为CO_2减排或CO_2利用减排目的（该技术非正常发电、采矿藏、运输等能源技术所必需），对CO_2或CO进行针对性处理、捕集、运输、封存或利用封存的技术类别。以0代表该技术类别是属于非CCUS功能的正常电厂技术、运输技术、采矿藏技术。

3）技术重要性评价

技术重要性评价结合以下四个因素综合打分：①是否在所有项目中均必不可少；②对项目性能（经济性、安全性）的贡献；③在投资中的占比；④对该技术的引进有无期待。5代表最高分，1代表最低分，0表示尚无概念。

4）技术应用范围

指该技术类别，在工艺流程中所实现的特定功能。如烟气低分压CO_2吸收，余热利用等。

5）国内外主要生产厂家

对应技术/设备，或技术亚类、技术类别，该设备或技术工艺的国内外主要生产厂家或技术掌握厂家，或该技术类别的技术领先者。

6）国内外技术水平与技术差距

国内外技术差距指数=国外先进技术水平指数−国内技术水平指数。

技术水平指数评分等级：以5代表技术国际领先，4表示技术先进但尚不如国际领先水平，3表示技术水平中等，2表示有技术不强但有一定技术积累，1

表示技术水平薄弱落后，0 表示尚无概念。

2.4 CCUS 专利数据库的说明

本书选择汤森路透集团的德温特创新索引 DII 数据库、Innography 作为专利检索数据库。DII 数据库、Innography 数据库中的专利数据具有广泛性和齐全性，两者结合起来分析，较为全面。在相关文献调研和专家咨询的基础上，通过综合考虑相关技术领域关键词和有关分类号（IPC），设定检索策略，并对检索结果进行人工清洗，从而获得检索分析工作的关键和基础——CCUS 专利数据库。

2.4.1 CCUS 关键技术专利信息一览

CCUS 关键技术全球专利数据库中，附专利强度标引的 CCUS 关键技术专利清单库包含每项关键技术的中国专利信息一览表与全球专利家族信息一览表。

经过遴选，每份中国专利信息一览表包含 18 条数据项：

申请人、发明人、申请号、文献摘要、发明名称、申请国家、联系地址、国家省市、同族专利、专利公开号、主权利要求、主分类号、法律状态、申请号、PCT 国际申请号、PCT 国际申请日、被引证专利号、被引证非专利文献。

每份全球专利家族信息一览表包含 24 条数据项：

专利号（专利家族）、标题、发明人、专利权人名称及代码、德温特主入藏登记号、摘要、技术焦点摘要、等同摘要、德温特分类代码、德温特手工代码、国际专利分类（IPC）、专利详细信息、申请详细信息和日期、更多申请详细信息、优先权申请信息和日期、指定州/国家/地区、检索字段、被引专利号、被引文献、Derwent Chemistry Resource 标识号、Markush 号、环系索引号、被引发明人、Derwent 注册号。

CCUS 关键技术专利清单库中的数据，可以用于：

（1）基于检索结果数据样本和总体的专利分析；

（2）CCUS 全球专利评价分档管理，与未来可能的中欧 CCUS 知识产权数据信息库建设；

（3）中外专利分析视角的技术对比、专利对比；

（4）根据技术内容摘要浏览该技术的创新点、应用领域及技术优势，供国内技术人员判断技术转移价值，进行技术研发改进。

2.4.2 人工数据清洗

在 CCUS 全球专利清单的检索过程中，尽管每项关键技术专利检索式都进行了详细设计和反复校检，但鉴于检索操作是在数据库上进行，根据文本匹配程度返回检索命中结果，难免出现虽专利文本与检索式匹配，但该专利的技术内容却并不严格属于 CCUS 技术的专利文件，而成为 CCUS 专利检索清单中的非 CCUS 数据噪音，有必要将此类数据通过人工阅读清洗。

因此，组织了相关专家、技术人员开展这项人工阅读清洗工作，属于 CCUS 技术的检索结果标引为 1，不属于 CCUS 技术的检索结果标引为 0，供使用者辨识。

同时运用全球领先的 Innography 专利分析工具，专利强度标引的 CCUS 关键技术专利清单库中每项专利标引了专利强度。该专利强度是综合了专利被引频次、同族专利布局数量、专利时间续存期、抵御诉讼的能力、专利权力要求数量的综合指标，可用于研究判断该专利在技术、法律、市场方面的价值，其中：

（1）专利被引频次——技术重要性；

（2）同族专利布局数量——市场重要性；

（3）专利保护时间续存期——专利实用性；

（4）该专利抵御诉讼的能力——法律重要性；

（5）专利权力要求数量——技术综合性。

因此所标引的专利强度，是遴选优先引进的 CCUS 关键专利技术的重要参考指标。

2.5 本章小结

本章对 CCUS 技术的特点做了系统的分析，提出了 CCUS 知识产权的分析方法和依据，为 CO_2 捕集、运输、封存和利用总体技术发展、关键技术知识产权分析提供了依据。

第3章

CCUS 技术全球专利总体态势分析

受日趋严重的全球气候变化的影响，CCUS 成为受到科学界、产业界普遍重视的新兴领域。为了抢占全球 CCUS 技术市场的制高点，许多国家和大型跨国企业纷纷开展新技术研发与专利布局。在不考虑其他行业已有相关技术的前提下，本章将主要针对 CCUS 领域发展以来、直接相关的 CCUS 技术开展全球专利分析，希望掌握 CCUS 领域的技术创新与发展态势、特点、布局及对中国不利的因素，提出中国 CCUS 科技发展应对建议，为中国 CCUS 应用示范做好准备。

为了准确检索 CCUS 领域的技术专利，分别对专利检索库、检索方法和检索时间做了选择。其中，专利检索库在 DII 数据库和中国科学院专利在线平台专利数据库的基础上，结合两者的数据信息，开展 CCUS 专利的筛选、清理和分析，设定的检索截止日期为 2014 年 4 月 10 日。

3.1　全球 CCUS 专利申请发展态势

全球 CCUS 相关专利数量庞大，增长迅速。图 3-1 表示了全球 CCUS 专利随时间变化呈现不断上升发展的趋势状况。由于 CCUS 涉及能源、钢铁、化肥、水泥、交通、化工以及 CO_2 相关地质领域等众多行业，包括这些行业已有技术在内的全球专利数量已超过 25 万项，若除这些行业已有技术，与 CCUS 直接关联的技术专利达到 4660 项。早在 20 世纪 70 年代，已有申请 CCUS 的相关专利；从 80 年代中期到 2005 年以前，CCUS 专利的申请数量一直保持低速稳定增长；从 2005 年以后的 10 多年来，CCUS 技术的专利数量迅猛增长，从 2005 年的约 280 项/年增加到 2011 年的约 1300 项/年。较之其他新兴领域，CCUS 专利增长的速度更快。这与许多国家越来越重视全球气候变暖、环境变化等问题有密切关系。

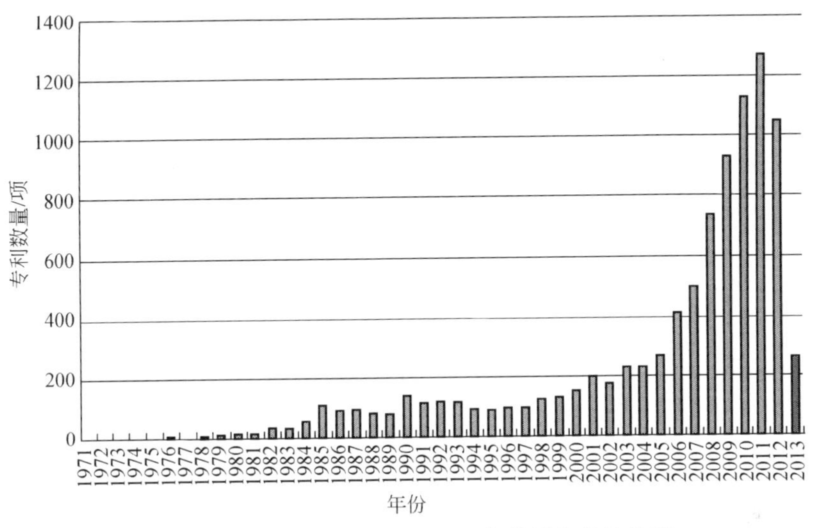

图 3-1　CCUS 专利数量随时间呈加快增长的趋势图

注：2013 年专利可能还未全部入库，所以数据可能存在误差，下同

3.2　主要国家 CCUS 技术专利比较

2005 年以来各国专利都有较快增长，日本、美国、中国的 CCUS 专利数量位居前三甲，但日美专利数远领先其他国家，欧共体国家数量在前 10 位国家中占到一半席位。根据各国 CCUS 专利数量的多少，排名前 10 位的国家依次为日本、美国、中国、韩国、德国、法国、俄罗斯、英国、荷兰和挪威，简称 TOP10 国。图 3-2 表示 TOP10 的国家 CCUS 专利数量随时间的发展变化情况。从早期来看（2005 年之前），美国和日本在 CCUS 领域的专利申请上有超前意识，每年申请的专利数量远高于其他国家。2005 年之后，各国都在 CCUS 专利数量上有较快增长，其中美国增长幅度最大，2011 年达到高峰，约为 320 项/年；中国在 2005 年以后的 CCUS 专利数量增长也较快，2010 年申请数量首次超过日本，到 2012 年专利数量达到历史高峰，约 290 项/年，这与中国推动 CCUS 应用发展的政策无不相关。

图 3-3 和图 3-4 分别表示 TOP10 国的 CCUS 专利数量的分布和占比情况。从图 3-3 来看，CCUS 专利数量最多的前三个国家依次为日本、美国和中国，都超过 1000 项，其他国家专利数量均远远少于这三国。其中日本的专利数占比超过 1/4，达到 1781 项（25.75%），美国的专利数占比 24.03%，达到 1662 项，中国专利数 1181 项（占比 17.07%），这三国的 CCUS 专利数远高于其他国家。德、英、法等国家尽管 CCUS 专利数不如前者，但作为欧共体的专利总数却高于中国。

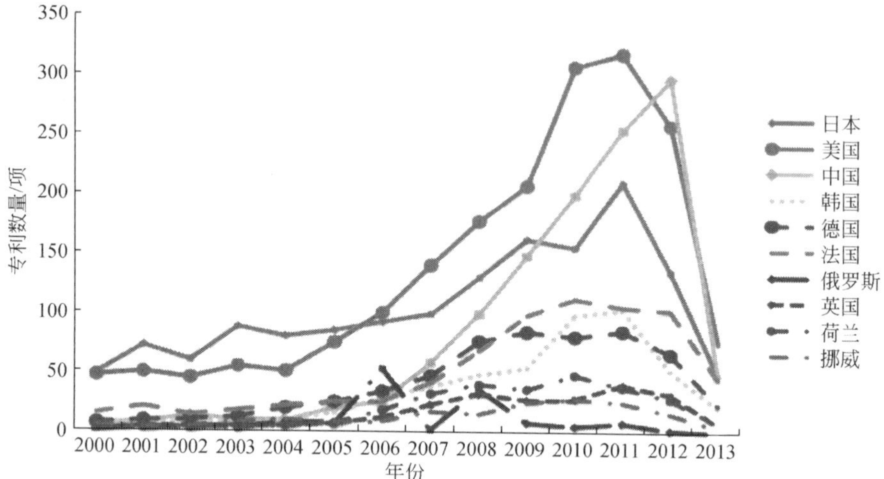

图 3-2　CCUS 专利数量前 10 名的国家随时间的专利变化情况

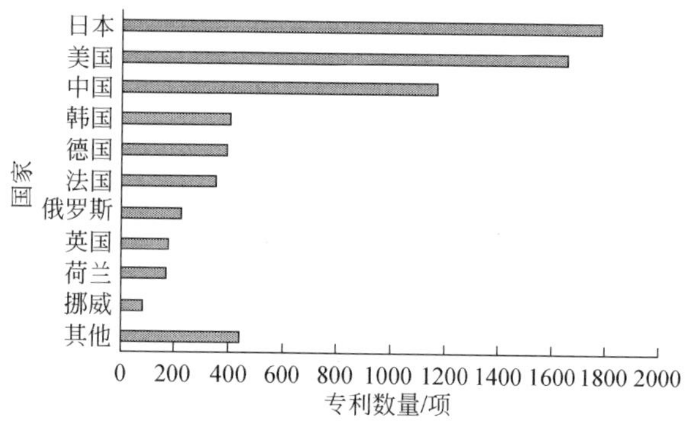

图 3-3　CCUS 专利数量的国家排名情况

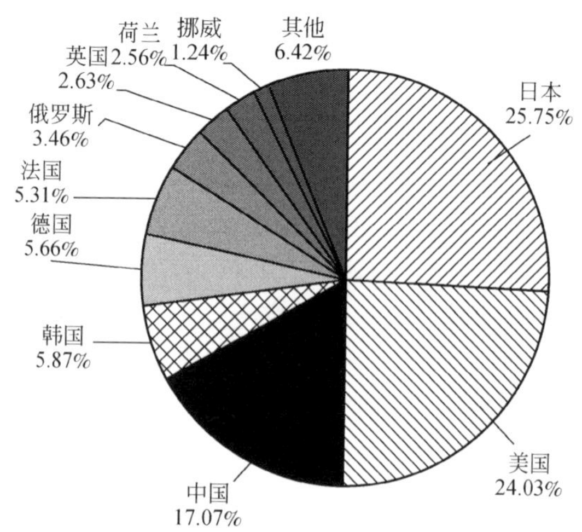

图 3-4　CCUS 专利数量 TOP10 国家的份额比较

从图 3-4 来看美国和日本 CCUS 专利已经占全球该领域专利的一半，其中日本专利超过 1/4，美国接近 1/4，中国专利占比份额为 17.07%，这与中国近年 CCUS 技术的发展和对知识产权的重视有关。

3.3 全球 CCUS 专利技术领域分布及侧重

从 CCUS 的技术特点来看，CCUS 覆盖了电力、钢铁、水泥、石油天然气等传统的行业。表 3-1 分别表示了排名前 13 名的 CCUS 技术领域分布及专利数量、近 3 年的专利数量等情况，专利数量中包含有交叉技术专利。

从 CCUS 的实施阶段来看，在 CO_2 捕集和地质利用方面进行的专利申请时间都在 20 世纪 70 年代，其中 CO_2 捕集阶段申请的专利数量最多，超过 4025 项，其技术覆盖领域包括将烟气、废气中 CO_2 分离的各种物理化学方法、设备和装置，如固体吸附法、膜分离法、吸附剂活化等，CO_2 地质利用与封存阶段的专利数量也较多，约有 705 项。

从时间来看，有关方法专利的申请早于仪器设备的专利，CO_2 捕集阶段的专利早于 CO_2 地质利用的专利。从 CO_2 捕集专利来看，固体吸附方法、膜分离法的专利申请较晚，固体吸附法专利从 20 世纪 80 年代初开始申请至今，膜分离方法是在 20 世纪 80 年代中后期开始申请至今，并且膜材料专利的申请早于膜形状、结构的技术专利。

从近 3 年的覆盖技术领域专利数量来看，还是 CO_2 捕集领域的方法技术专利最多，其中 CO_2 处理装置、CO_2 分离技术的专利数量增长速度较快，近 3 年增幅分别达到 48% 和 41%。

表 3-1 CCUS 主要技术领域及其专利申请情况（排名前 13 位的技术领域）

IPC 国际分类号	申请量/项	技术领域	涉及年份	近 3 年申请量占总量百分比/%
B01D-053	4025	气体或蒸汽的分离；从气体中回收挥发性溶剂的蒸汽；废气例如发动机废气、烟气、烟雾、烟道气或气溶胶的化学或生物净化	1971 ~ 2013	32
C01B-031	1770	碳；其化合物	1973 ~ 2013	32
B01J-020	763	固体吸附剂组合物或过滤助剂组合物；用于色谱的吸附剂；用于制备、再生或再活化的方法	1980 ~ 2013	25

续表

IPC 国际分类号	申请量/项	技术领域	涉及年份	近3年申请量占总量百分比/%
E21B-043	705	从井中开采油、气、水、可溶解或可熔化物质或矿物泥浆的方法或设备	1973～2013	26
F25J-003	378	使用液化或固化作用进行分离气体混合物成分的方法或设备	1973～2013	35
B01J-019	254	化学的，物理的，或物理—化学的一般方法	1975～2013	33
B01D-071	223	以材料为特征的用于分离工艺或设备的半透膜；其专用制备方法	1984～2013	26
F23J-015	197	处理烟或废气装置的配置	1985～2013	48
B01D-000	177	分离	1973～2013	41
F25J-001	144	气体或气体混合物液化或固化的方法或设备	1982～2013	33
B01J-008	130	在有流体和固体颗粒的情况下所进行的一般化学或物理的方法；这些方法所用的装置	1986～2013	33
B01D-019	110	液体的脱气	1979～2013	38
B01D-069	110	以形状、结构或性能为特征的用于分离工艺或设备的半透膜；其专用制备方法	1989～2013	33

3.4 主要国家 CCUS 专利的技术分布与侧重领域

各国 CCUS 专利主要分布在 CO_2捕集阶段，其次为 CO_2地质利用与封存阶段，仅少量在 CO_2运输上，其中美国在 CCUS 专利覆盖了多达 10 类技术，而其他国家的专利技术分布各有侧重。截至 2014 年 6 月 30 日的数据，全球在 CO_2捕集技术的专利接近 4000 项，CO_2地质利用与封存技术的专利 705 项，近 3 年来前者数量增长约 30%，后者增长 26%。

从图 3-5 可以看出，专利数量前 10 的国家 CCUS 专利分布在 CO_2分离、烟气中 CO_2脱除方法、设备、工艺等 10 个技术领域，并技术各有侧重。大部分国家专利技术主要集中在 CO_2捕集方面，从专利数量占比来看，各国在烟气 CO_2分离技术、各类 CO_2吸附方法、装备、材料、CO_2吸附剂的制备、再生和活化等有较多专利。此外，美国、俄罗斯、荷兰和挪威在 CO_2驱石油、天然气、地下水的方法、设备或设施的专利上有明显优势，而英、法两国在 CO_2固化吸附上有较多专利。

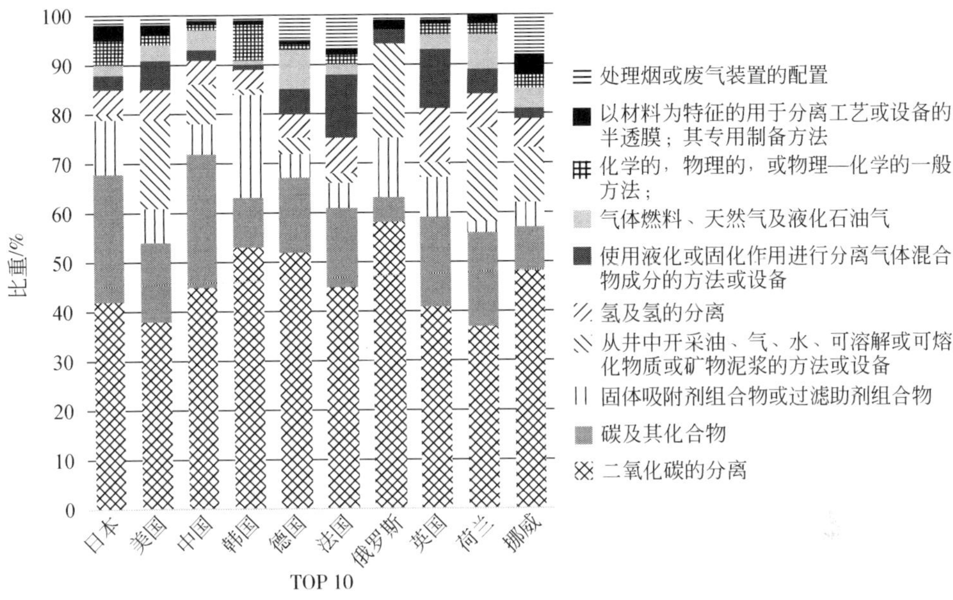

图 3-5　CCUS-TOP10 国家的专利技术覆盖领域及侧重比较

3.5　近年来 CCUS 专利申请人变化分析

各国专利申请人均以大型企业为主开展 CCUS 专利申请，多数企业在 2011 ~ 2013 年的专利申请量有较大增幅，充分体现这些跨国研发企业对新技术市场的敏感及战略部署。表 3-2 表示了近 3 年 CCUS 专利权人申请的专利数量、首次申请的专利权人及前 20 位排名情况。专利数量排名前 10 位的企业分别是日本三菱重工（251 项）、东芝（163 项）、美国埃克森美孚（142 项）、日立（132 项）、壳牌（132 项）、林德公司（120 项）、阿尔斯通（117 项）、液化空气集团（114 项）、日本关西电力（90 项）、通用电力（85 项）。近 3 年，CCUS 专利数量增幅较大的企业有阿尔斯通（增幅达到 277%）、日立（增幅 78.4%）、液化空气集团（增幅 62.6%）等大型跨国公司，表明这些跨国公司正加快布局 CCUS 相关专利领域。

中国方面，中国科学院和中石化专利数量相对较多，排名在第 10 位和第 12 位；近 3 年中国科学院和中石化的专利增幅也较大，均超过 100%，专利增长数量分别达到 26 项和 24 项。从近 3 年新增的专利权人来看，中国专利权人明显增多，尽管专利申请数量不多，但专利权人数量有 10 名以上，在前 20 名中超过 50%，包括中国华能集团（CHINA HVANENG GROVP CLEAN ENERGY TECHNOL）、中国煤炭研究院（CHINA COAL RES INST）、四川大学（UNIV SICHUAN）、中国石油大学（华东）（UNIV CHINA PETROLEVM EAST CHINA）等，表明中国关注 CCUS 领域技术创新的机构和个人不断增多。图 3-6 表示了 CCUS 专利权人的排名情况。

表 3-2 2011～2013 年以来的 CCUS 专利权人排名及首次申请的专利权人

排名	近 3 年 CCUS 专利数量 TOP20 的专利权人		近 3 年首次申请 CCUS 专利 TOP20 的专利权人	
	机构	数量	机构	数量
1	ALSTOM TECHNOLOGY LTD（ALSM）	86	CHINA HUANENG GROUP CLEAN ENERGY TECHNOL（CHHU-N）	13
2	HITACHI LTD（HITA）	58	ZHANG H（ZHAN-I）	7
3	MITSUBISHI HEAVY IND CO LTD（MI-TO）	47	FUJI FILM CO LTD（FUJF）	6
4	AIR LIQUIDE SA（AIRL）	44	TANG J（TANG-I）	6
5	EXXONMOBIL（ESSO）	40	CHINA COAL RES INST（CHCO-N）	5
6	GENERAL ELECTRIC（GENE）	37	SAUDI ARABIAN OIL CO（SAOI）	5
7	SIEMENS AG（SIEI）	35	SHANXI WUTAISHAN SEABUCKTHORN CO LTD（SHAN-N）	5
8	SHELL OIL CO（SHEL）	35	BUMB P（BUMB-I）	4
9	TOSHIBA KK（TOKE）	29	COSTAIN OIL GAS&PROCESS LTD（COCT）	4
10	CHINESE ACAD SCI（CHSC）	26	UNIV SICHUAN（USCU）	4
11	KOREA INST ENERGY RES（KOER）	25	UNIV CHINA PETROLEUM EAST CHINA（UYCH-N）	4
12	CHINA PETROLEUM & CHEM CORP（CNPC）	24	ARAMCO SERVICES CO（ARAM-N）	4
13	LINDE AG（LINM）	22	HERN G L（HERN-I）	4
14	IFP（INSF）	21	OGUNWUMI S B（OGUN-I）	4
15	NIPPON STEEL CORP（YAWA）	19	SHANGHAI HUACHANG ENVIRONMENT FRIENDLY E（SHAN-N）	4
16	BAKER HUGHES INC（BAKO）	18	SICHUAN YALIAN SCI TECHNOLOGY CO LTD（SICH-N）	4
17	UNIV SOUTHEAST（UYSE）	18	SUZHOU XINGLU AIR SEPARATION PLANT SCI&（SUZH-N）	4
18	KANSAI ELECTRIC POWER CO（KANT）	18	BOEING CO（BOEI）	3
19	HYUNDAI MOTOR CO LTD（HYMR）	16	CARRIER CORP（CARG）	3
20			GLEASON C（GLEA-I）	3

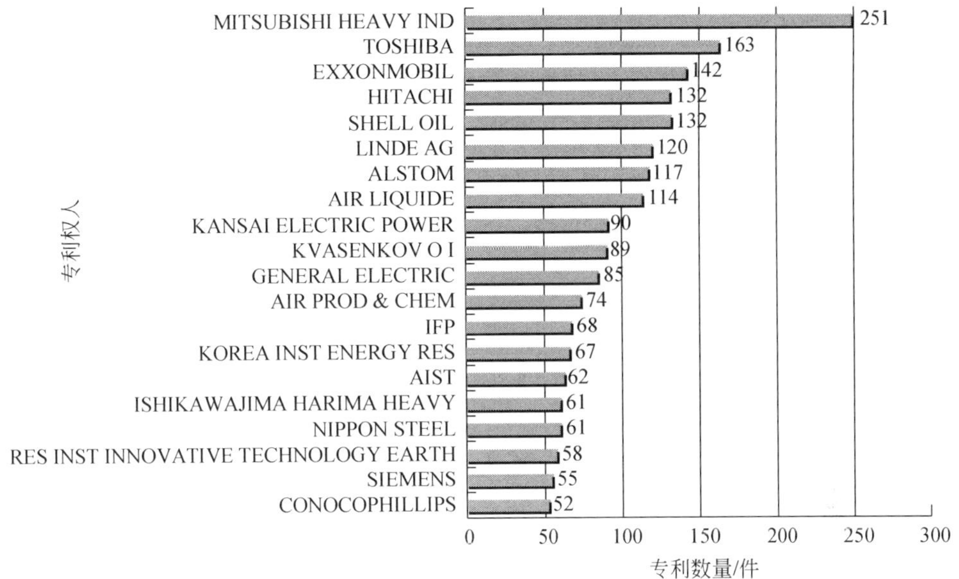

图 3-6　CCUS 专利权人排名分布

3.6　本章小结

从本章对 CCUS 技术领域的全球专利数量发展态势、技术分布、国别比较与技术侧重、专利权人等方面的分析，可知 CCUS 专利数量总体呈现上升趋势。尤其在近 10 年，多国专利数量都呈现不同程度的大幅上涨，体现出国际社会对 CCUS 新兴领域的重视，相关技术创新增多。具体结论如下：

（1）日本、美国、中国和欧盟的 CCUS 专利数量远超过其他国家。从单个国家来看，日本、美国和中国 CCUS 专利数量较多，德、英、法等欧洲国家尽管数量上不如前三国，但是在专利数量排名前 10 位的国家中，欧洲国家占一半，因此作为欧共体而言，欧洲的 CCUS 专利数量并不低。

（2）从技术分布来看，CCUS 专利分布在 CO_2 捕集、运输、地质利用等至少 13 个技术方向，但总体来看，有关 CO_2 捕集技术的专利比较集中，数量最多的专利分布在气体或烟气中 CO_2 分离、碳及化合物研究、CO_2 固体吸附剂的制备、再生或活化技术等研发方向。

（3）从国别比较来看，美国 CCUS 专利技术分布较为均衡；美国、俄罗斯、挪威在 CO_2 驱油、天然气、地下水等专利上具有优势；英、法两国在 CO_2 固化吸附技术上有较多专利；日本和韩国的 CO_2 捕集专利数量占本国的 80% 以上，中国和俄罗斯在该领域专利均接近 80%。

（4）从专利权人来看，阿尔斯通、通用、壳牌等国外跨国公司比较重视 CCUS 技术创新和申请专利，反映出这些公司对 CCUS 新兴技术研发的重视、以求在 CCUS 新兴市场占据主要地位的战略布局。

第4章

CO_2 捕集与运输技术清单及其专利分析

CO_2捕集是指将电力、钢铁、水泥等行业利用化石能源过程中产生的 CO_2进行分离和富集的过程，是 CCUS 系统耗能和成本产生的主要环节。虽然 CO_2捕集技术较早就应用于化工、食品等行业，但随着 CCUS 技术的发展和示范，对 CO_2捕集的规模、能耗和成本等方面提出了更高的要求。CO_2运输是捕集和封存、利用阶段间的必要连接，其中管道运输技术最具应用潜力。本章对胜利油田 CCUS 预可研项目和华能玉环电厂 CCUS 预可研项目进行了调研，进行技术链的分析和构建。在此基础上，结合专家咨询、文献调研和层次分析，梳理了 CO_2捕集和运输关键技术清单，这是进一步开展 CCUS 技术知识产权分析的基础。本章还对 CO_2关键捕集技术国内外发展程度进行了对比分析，以梳理国内外关键技术的发展现状。最后，在关键技术清单的基础上，综合前面的分析，本章对 CO_2捕集与运输关键技术专利进行了整理和统计。

4.1 CO_2 捕集与运输项目技术链分析与构建

CO_2捕集技术出现较早，广泛应用于化工、食品等行业。随着 CCUS 技术的发展和示范，CO_2关键技术得到发展，使得捕集规模大幅提高、能耗成本下降。为进一步了解 CO_2捕集技术的框架和流程，本书调研了某油田自备电站燃烧后捕集—运输—利用封存技术链和某电站燃烧后捕集—海上封存技术链，对 CO_2捕集与运输技术链进行了分析与构建。

4.1.1 某油田项目技术链分析与构建

某油田 CCUS 预可研项目开展“燃烧后吸附法捕集技术—常温常压管道运输—CO_2驱油封存”的技术路线。技术链剖析路线框架如图 4-1 所示。

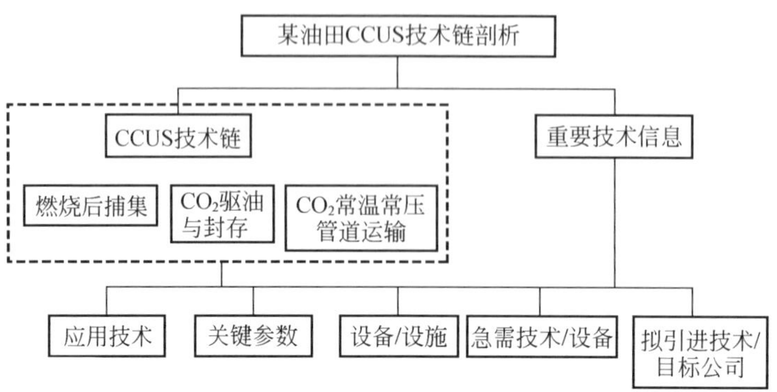

图 4-1　某油田 CCUS 项目技术链剖析路线框架

某油田 CCUS 项目设计 CO_2燃烧后捕集技术阶段具体的技术链流程为“初始烟气—CO_2捕集技术—再生塔—干燥技术—压缩技术”。表 4-1 给出了技术链/阶段的详细情况。

表 4-1　某油田 CCUS 项目设计“燃烧后捕集”技术链调研结果

技术链/阶段	技术或参数
初始烟气	烟气组分及组成（Vt %）：N_2、CO_2、O_2、H_2O、SO*x*、NO*x*、烟尘
	烟气流量
CO_2捕集技术	CO_2吸收塔工艺技术：有机胺化学吸收法、吸收塔、解吸塔、贫富液换热器、贫液水冷器、贫液泵、富液泵等
	吸收剂
	吸收剂一次使用量
	混合气体流量
	吸收塔烟气入口压力（MPa）
	吸收塔烟气温度
	COz 捕集量
	捕集率
	填料塔工艺/技术
再生塔	富液处理工艺
	废气排出流量
	能耗
	CO_2排出后溶液能否直接用于吸收塔
	再生效率

续表

技术链/阶段	技术或参数
干燥技术	干燥工艺
	干燥设备
	干燥剂
	干燥时间
	脱水率
压缩技术	压缩机
	进气温度
	进气压力
	排气压力
	排气温度
	压缩机效率
	压缩机功率
	压缩机电流
	压缩机电

某油田 CCUS 项目设计 CO_2运输技术阶段采用 CO_2常温常压管道运输，表4-2给出了技术链/阶段的详细情况。

表 4-2　某油田 CCUS 项目设计“常温常压管道运输”技术链调研结果

关键技术	关键技术参数
CO_2常温高压管道运输	设计压力 运行压力
	管道型号
	CO_2气流工质成分
	运输长度
	管道直径
	管道壁厚
	管道寿命
管道监测	管道阀门监测系统（音波检漏技术）

4.1.2 某电站项目设计分析与构建

某电站项目设计开展“燃烧后捕集—船舶运输—CO_2海上封存油”的技术路线。技术链剖析路线框架如图 4-2 所示。

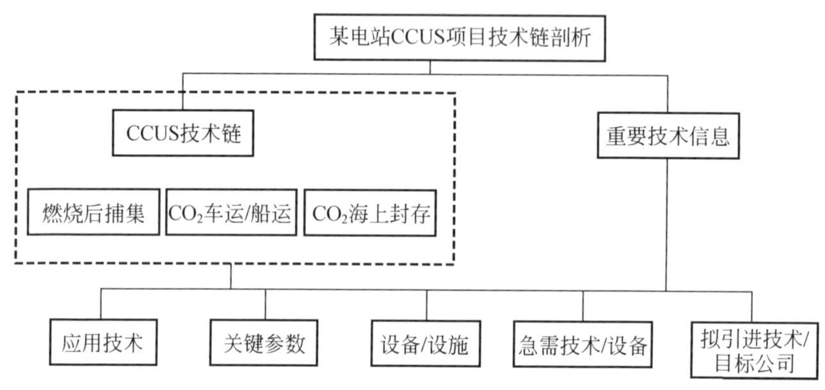

图 4-2 某电站 CCUS 技术链剖析路线框架

某电站项目设计 CO_2燃烧后捕集技术阶段具体的技术链流程为“炉膛出口烟气—第一阶段；脱销技术—第二阶段；传统电除尘器装置—第三阶段；脱硫技术—CO_2捕集、干燥阶段—CO_2压缩阶段—CO_2冷却液化阶段”，与某油田捕集阶段较为相似。表 4-3 给出了技术链/阶段的详细情况。

表 4-3 某电站 CCUS 项目燃烧后技术链调研结果

技术链/阶段	技术或参数
炉膛出口烟气	烟气温度
	烟气压力
第一阶段：脱销技术	脱销设备 SCR 选择性还原设备
	脱硝技术/工艺
	还原剂用量及成本
	催化剂技术
	催化剂用量及运行时间
	催化剂成本
	脱硝设备能耗（占厂用电的比例）
	工质温度

续表

技术链/阶段	技术或参数
第一阶段：脱销技术	运行温度
	运行压差
	规模/容量（尿素消耗量）
第二阶段：传统电除尘器装置	气流组分： SOx、CO_2、H_2O、细粒子等
	工艺/技术，电除尘器设备
第三阶段：脱硫技术	脱硫技术/工艺
	冷却技术及重要参数
	还原剂
	烟气温度
	运行温度
	脱硫效率
	石膏产品及成本
CO_2捕集、干燥阶段	CO_2捕集技术
	捕集剂指标
	再生技术
	CO_2捕集量
	CO_2纯度
CO_2压缩阶段	压缩机压力
	排气温度
	压缩机功率
CO_2冷却液化阶段	CO_2冷却液化技术
	CO_2液化温度
	CO_2液化压力
	CO_2液化技术能耗
其他技术	离心泵

4.2 CO_2捕集与运输关键技术清单

4.2.1 CO_2捕集与运输关键技术清单研究方案

CCUS技术涵盖CO_2捕集、运输、利用封存的全流程，具体技术包括设备、材料、参数、信息、方法、软件、工具等，而在CCUS全流程中，又有燃烧前捕集、燃烧后捕集、富氧燃烧捕集、管道运输、地质封存、海洋封存等不同技术路线与工艺流程，CCUS全流程技术的步骤多、种类多、技术实现方式多元，给技术清单研制带来了挑战。在全流程清单中的研制规划阶段，研究根据产业步骤流程、工艺路线、技术环节，面向中国CCUS示范工程研究实际，按照"由全程到阶段，由环节到类别"的研究方案，划分CCUS全流程技术清单研究的不同子表，在各个工艺路线阶段范畴中分编汇制CCUS全流程技术清单。

CCUS全流程技术清单的研究过程，最初为基于IPCC、IEA、WIPO和中国科技部的CCUS技术发展报告，根据技术专家的意见草拟得到CCUS技术路线清单初稿，在NZEA IIA项目北京启动会后，经过某油田实地调研、某电站实地调研、上海碳捕集会议、项目专家论证会，在科技部中国21世纪议程中心的牵头支持下，征求国内重要CCUS研究机构、重要石油化工企业技术专家，重点CCUS项目负责人的综合意见，在融合多种来源CCUS技术文献和技术专家组研究的基础上，并通过专利检索和分析过程中对CCUS全流程技术细分和技术评价进行验证补充，最终得到"CCUS碳捕集、运输与封存技术全流程技术清单与技术评价表"，并在预可研项目技术专家的支持下，提取中国发展CCUS不同技术路线的关键技术，得到作为全球和中国专利研究基础的CCUS关键技术清单。

在CCUS技术清单的研究过程中，研制的难点在于如何以规范的指标对CCUS不同技术路线和技术设备进行技术分级，技术清单所梳理的技术分类应当细化到何种具体层次。在CCUS技术专家、知识产权专家的研讨论证支持下，CCUS技术清单分级设计选择参考中国科学院专家提供的技术研究分级并有针对性的改进，而技术细分研究的设计底点则参考国际专利分类的专利定义——技术细分底点为实现某个特定功能的一个技术解决方案。在此研究论证支持下，形成统一的CCUS技术清单研究规范与制表说明，在邀请技术专家填写和与知识产权专家交互验证的基础上，对清单技术细分和技术评价填写指标完善。CCUS全流程技术清单的制表技术分级方案如下：

1）子系统或子环节

指每类技术领域（燃烧前捕集、燃烧后捕集、富氧燃烧捕集、管道运输、地质利用与封存）系统流程中可以进行阶段性划分的子系统或子环节，子系统或子环节应当为串联关系，共同组成该技术领域的流程系统。

如在燃烧前捕集技术领域中，依据 IGCC 工艺流程，子系统或子环节可以划分为煤的制备、空气分离、煤的气化、合成气净化、碳氢分离、燃气轮机发电、热量回收、蒸汽轮机发电。

2）技术类别

指在子系统或子环节下，实现特定功能（一项反应或一项处理等）的技术类别。技术类别之间可以为串联关系，也可以为并联关系（即可以实现相同或类似的特定功能）。

如在燃烧前捕集流程系统碳氢分离子环节中，分离 CO_2 的技术类别有液体化学吸收法、固态化学吸收法、物理吸收法、变压吸附法、膜分离法、催化燃烧法、低温蒸馏法等。

3）技术亚类

指在一个共同的技术类别下，实现工艺流程中共同或类似的特定功能的技术亚类，技术亚类可以使用不同技术方式或技术材料，实现同样的流程功能。技术亚类之间是并联的关系。

如在分离捕集 CO_2 子环节的技术类别液体化学吸收法中、技术亚类有烷基醇胺法（MEA 法、DEA 法、MDEA 法等）、无机碱法（苯菲尔法、热钾碱法、砷碱法等）、碳酸盐法、离子液体法等。

4）技术/设备

指在一个技术类别下，实现一个对应的技术类别或对应的技术亚类，现有或在研的技术和设备。技术/设备，可以是不同的操作方法，也可以是不同的单元设备，不同的工质材料。

通过前述研究论证与技术分级方案，结合专家咨询、文献调研和层次分析法，分析并建立了 CCUS 捕集关键技术清单。其中 CCUS 燃烧后捕集工艺路线清单共计子环节 8 段，技术类别 44 项，提取关键技术 29 项；CCUS 燃烧前捕集工艺路线清单共计子环节 7 段，技术类别 20 项，提取关键技术 13 项；CCUS 富氧燃烧捕集工艺路线清单共计子环节 5 段，技术类别 19 项，提取关键技术 12 项；

CCUS 管道运输工艺路线清单共子环节 2 段，技术类别 5 项，提取关键技术 5 项。

4.2.2 燃烧前捕集关键技术清单

燃烧前捕集主要用于煤气化联合循环发电（IGCC）和部分化工过程，在化石燃料燃烧前首先对煤炭进行气化反应，把煤炭转化为 CO 和 H_2的合成气，待合成气冷却后，再经过蒸汽转化反应，使合成气中的 CO 转化为 CO_2，同时产生更多的 H_2。CO_2和 H_2的密度差异较高，易于分离。此时再将 CO_2从混合气体中分离出来进行捕集，让 H_2作为无碳能源进行发电。CCUS 燃烧前捕集关键技术清单如表 4-4 所示。

表 4-4 CCUS 燃烧前捕集关键技术清单

子系统或子环节	技术类别	技术亚类	技术/设备
空气分离	深冷法空分	空压机	空压机
		深冷设备（分馏塔）	预冷机
			冷箱
			分子筛纯化器
		空分设备-精馏塔	主换热器
			冷凝蒸发器
煤的制备	煤粉制备	磨煤	磨煤机
		备煤	煤粉仓
			煤粉干燥
		送煤	加压送粉
煤气化	气化炉（煤种技术适应性、烧嘴）	喷流床	喷流床湿法水煤浆给煤
			喷流床干法给煤
		流化床	
		固定床	单段炉
			两段炉
		间歇式气化炉	
	蒸汽转化		变换反应器
煤气净化	除尘	纤维除尘	纤维过滤器
		静电除尘	静电除尘器
	脱硫		硫回收装置
	水洗		煤气饱和器

续表

子系统或子环节	技术类别	技术亚类	技术/设备
CO_2捕集	化学吸收法	胺类吸收剂	MEA 法、DEA 法、MDEA 法
		无机碱法	苯菲尔法、热钾碱法、砷碱法
		氨水类吸收剂	
		氨基酸盐类吸收剂	
		碳酸盐类吸收剂	
		离子液体吸收剂	
燃气轮机发电	燃烧器（材料耐高温性）		
	高温燃气轮机（材料耐高温性、叶片加工制造）		
	富氢燃机（材料耐高温性、叶片加工制造）	高氢气浓度合成气的燃气轮机	富氢燃气轮技术
			富氢燃机的材料
		富氢燃料气	煤气化合成气
蒸汽轮机发电	热量回收	蒸汽发生器	余热锅炉
	蒸汽轮机		

4.2.3 燃烧后捕集关键技术清单

燃烧后捕集是锅炉中出来的烟气，首先经过脱硝、除尘、脱硫等净化措施，并调整烟气的温度、压力等参数，以满足CO_2分离设备的要求，处理后的烟气进入吸收装置，CO_2被脱除，富含CO_2的吸收剂（或者吸附物质等）经过解吸后释放高浓度CO_2，并实现吸收剂的再生，高浓度的CO_2被捕集后，经过加压液化、运输，最终被封存或者利用。CCUS 燃烧后捕集关键技术清单如表 4-5 所示。

表 4-5 CCUS 燃烧后捕集关键技术清单

子系统或子环节		技术类别	技术亚类	技术/设备
化学吸收工艺	吸收剂	有机胺（再生热耗、再生能耗、再生蒸汽消耗、稳定性、热降解、抗氧化性、抗腐蚀性、缓蚀性）	（药剂）伯胺、仲胺、叔胺、位阻胺、复合胺、活化剂、缓蚀剂、抗氧化剂	
		吸收废液处理（焚烧、生物处理、氧化法）		
	热集成/热耦合	捕集系统内部热集成	高效换热器	
			余热发电	
			热泵技术	
		与电厂耦合（发电效率、抽汽位置）		
	反应器	反应塔	填料	规整填料、散堆填料
			支撑	
			塔型	圆型、方型
			气体分布器	
			液体分布器	
			气液分离器	常规、旋流分离器
			材质	
	工艺技术	反应热测定/测量 反应动力学研究 放大规律研究 过程工艺优化研究		
	配套设备	尾气洗涤泵 洗涤液冷却器 富液泵 贫富液转换（换热）器 贫液泵 贫液冷却器 冷水塔 水洗塔 烟气加压风机 吸收塔分离器 再生气冷却器 再生气分离器 烟气测试仪（测试精度、测试种类）		
	脱碳胺系统	碱泵 胺回收加热器		

续表

子系统或子环节	技术类别	技术亚类	技术/设备
CO_2压缩	CO_2压缩机	离心式	
		轴流式	
CO_2精制	过滤器 分子筛 冷凝器 CO_2储槽		

4.2.4 富氧燃烧捕集关键技术清单

富氧燃烧捕集首先运用空气分离装置对空气进行氧气提纯，然后让煤和纯氧进行燃烧，接着对燃烧产生的烟气实施冷却、脱硝、脱硫和除尘处理，这样就得到了高浓度的CO_2，最后经过加压、脱水、运输，最终被封存或者利用。富氧燃烧捕集关键技术清单如表4-6所示。

表4-6 CCUS富氧燃烧捕集关键技术清单

子系统或子环节	技术类别	技术亚类	技术/设备
制氧系统	深冷空分设备（针对富氧燃烧95%氧纯度的低能耗工艺）	深冷空分	制冷技术、换热系统、精馏技术、流程优化技术、节能技术、动态响应技术
富氧燃烧锅炉及燃烧系统	富氧锅炉（大型化，结渣 腐蚀防护）	煤粉锅炉	锅炉、密封技术、受热面腐蚀防护技术
		流化床锅炉	
	空气预热器/气气换热器（漏风防治）	蓄热式	空气泄露防治技术、腐蚀防护技术、高效换热技术
		管式	
		热媒式	
	富氧燃烧器（大型化）	旋流燃烧器	火焰稳定技术、低NO_x燃烧技术
		直流燃烧器	
		风帽（特指流化床）	
	氧气注入器（安全性）	氧气注入器	腐蚀防护技术、防爆技术、节能技术
		氧气预热器	

续表

子系统或子环节	技术类别	技术亚类	技术/设备
烟气净化/处理系统	烟气冷凝器（防腐蚀，防堵塞，节水及废液处置）	直接接触式	烟气脱水处理、余热回收、气体净化，腐蚀防护技术、废水处理技术
		表面式/间接冷却式	
CO_2压缩纯化系统	烟气纯化与压缩（工艺，腐蚀防护）	自冷压缩（膨胀制冷）	分子筛吸附剂、压缩系统、过滤系统、阀门箱
		外冷压缩（水冷）	
	酸性气体分离技术	精细预处理	固体吸附剂、同时分离工艺、防腐材料、废液处理
		压缩过程同时分离	
	Hg 分离	固定床吸附	固体吸附剂、吸收塔 深度脱汞、铝制换热器腐蚀防护
	CO_2压缩机	激波压缩机	节能技术、大宗气体压缩技术
		离心压缩机	
		螺杆压缩机	
系统集成与控制	运行监测与控制	O_2，CO_2，H_2O 传感器	燃烧调控技术、漏风监测技术、运行切换技术、系统动态匹配技术、安全检测、应急处理
		质量流量计（变组分、变温度）	
		质量平衡监测	
		CEMS 系统	
	系统集成与耦合优化	全流程能效优化	全流程热耦合优化技术、全流程节水优化技术
		全流程水耗优化	

4.2.5 管道运输关键技术清单

通过管道进行 CO_2 大规模运输将是大规模应用 CCUS 的关键。CO_2 通常是以超临界流体形式运输，其比一般流体更可压缩，并保留了类似气体通过孔隙扩散的能力，这种状态对于管道运输是最有效率的。CCUS 管道运输关键技术清单如表 4-7 所示。

表 4-7　管道运输关键技术关键技术清单

子系统或子环节	技术类别	技术亚类	技术/设备
工艺技术	CO_2超临界增压技术	设备选择	压缩机
			离心泵

续表

子系统或子环节	技术类别	技术亚类	技术/设备
工艺技术	CO_2管道流动特性与模拟	流动模拟	状态方程的选择
			水击分析
	CO_2管道输送工艺系统设计	输送方式的选择	相态的选择
		管道输送CO_2的技术指标	对其他组分（水、硫、氮气）含量的要求
安全技术	站场泄漏监测与安全保障	阀室的设置方式和管道的安全间距的设置（设计方案）	软件模拟
		放空措施的确定	放空方式、温度控制、放空量控制
		泄露监测方式的确定	泄露方式的确定
	腐蚀控制与管材选择	腐蚀监测	
		止裂技术	
		管材选择	
		阀门和设备密封材料的选择	

4.3 CO_2关键捕集技术国内外发展程度的对比

按照全流程关键技术评价方案，根据专家咨询结果，对CCUS全流程关键技术进行技术评价。下面以富氧燃烧为例进行简要说明，表4-8是CCUS富氧燃烧捕集关键技术清单技术评价表。

表4-8 CCUS富氧燃烧捕集关键技术评价表

子系统或子环节	技术类别	重要性	成熟度		技术水平	
			国内	国外	国内	国外
制氧系统	深冷空分设备（针对富氧燃烧95%氧纯度的低能耗工艺）	5	4	4	3	5

续表

子系统或子环节	技术类别	重要性	成熟度		技术水平	
			国内	国外	国内	国外
富氧燃烧锅炉及燃烧系统	富氧锅炉（大型化，结渣 腐蚀防护）	3	2	3	4	5
	空气预热器/气气换热器（漏风防治）	5	2	3	2	3
	富氧燃烧器（大型化）	4	2	3	4	5
	氧气注入器（安全性）	4	2	3	3	5
烟气净化/处理系统	烟气冷凝器（防腐蚀，防堵塞，节水及废液处置）	4	2	3	0	3
CO_2 压缩纯化系统	烟气纯化与压缩（工艺，腐蚀防护）	5	2	3	1	3
	酸性气体分离技术	5	1	2	1	3
	H*g* 分离	3	2	3	4	5
	CO_2压缩机	5	1	3	1	4
系统集成与控制	运行监测与控制	3	3	4	4	5
	系统集成与耦合优化	4	2	3	2	4

如表 4-8 所示，在富氧燃烧技术链中，国内成熟度较高的技术门类是深冷法空分制氧设备、燃烧系统运行监测与控制；重要性较高的技术门类有深冷空分制氧设备、空气预热器/气气换热器、大型富氧燃烧器、安全氧气注入器、烟气冷凝器、CO_2烟气纯化与压缩工艺、酸性气体分离技术、CO_2压缩机、系统集成与耦合优化；中国技术水平较薄弱的技术类别是要有良好漏风防治功效的空气预热器/气气换热器、有防腐蚀防堵塞和节水及废液处置功效的烟气冷凝器、有腐蚀防护功效的烟气纯化与压缩工艺、SO_x、NO_x 酸性气体分离技术、CO_2压缩机、电厂系统集成与耦合优化；国外技术水平较强的技术类别在于低能耗高纯度深冷空分制氧设备、大型化防结渣防腐蚀富氧锅炉、大型化富氧燃烧器、安全性氧气注入器、Hg 分离技术、燃烧系统运行监测与控制；其中中外技术水平差距最大的是 CO_2压缩机技术。

4.4 CO_2捕集与运输关键技术专利统计

在构建CO_2捕集与运输关键技术清单的基础上，综合所处技术环节、所包含的技术/设备细分，建立技术内容，面向技术类别的技术内容结构，建立专利检索方案，进行初检。基于初检结果，在数据库检索结果中进行验证，根据检索结果情况对检索式进行修改。在此基础上，根据整体检索结果，邀请第三方操作验证数据，对检索式进行调整。然后，按照关联技术类别进行检索分组，执行检索，建立CO_2捕集与运输关键技术专利数据库，并对CO_2捕集和运输关键技术专利进行了整理和统计。

表 4-9 是CO_2捕集与运输关键技术中国和全球专利数量的总体情况，总共含有 60 项关键技术的专利，中国专利累计 7352 项，全球专利族 23 353 项。其中，CCUS 燃烧前捕集专利信息库包含 13 项关键技术的专利，中国专利 3076 项，全球专利族 7460 项；CCUS 燃烧后捕集专利信息库包含 29 项关键技术的专利，中国专利 2764 项，全球专利族 8763 项；CCUS 富氧燃烧捕集专利信息库包含 12 项关键技术的专利，中国专利 1102 项，全球专利族 4937 项；CCUS 管道运输专利信息库包含 6 项关键技术的专利，中国专利 410 项，全球专利族 2193 项。

表 4-9　CO_2捕集与运输关键技术中国和全球专利数量对比表

CCUS 捕集与运输专利清单库（60 项）	中国专利/项	全球专利族/项
CCUS 燃烧前捕集专利信息库（13 项）	3076	7460
CCUS 燃烧后捕集专利信息库（29 项）	2764	8763
CCUS 富氧燃烧捕集专利信息库（12 项）	1102	4937
CCUS 管道运输专利信息库（6 项）	410	2193
数据总计	7352	23353

在CO_2捕集与运输关键技术的全球专利布局中，中国在CO_2捕集技术方面是重要的专利布局密集区，如 13 项CO_2燃烧前捕集关键技术，中国专利占到了全球专利数量的 41.2%；29 项CO_2燃烧后捕集关键技术中国专利占全球专利数量的 31.5%，这说明中国CO_2捕集市场已成为全球竞争者的重要抢夺目标。同时，中国在CO_2捕集方面的技术掌控情况较好和专利拥有量相对较多。相对的，CO_2管道运输方面的中国专利较少，占全球专利数量 18.7%，说明中国在CO_2管道运输技术上还有成长空间。

本节对这 60 项关键技术的专利进行了检索和整理，具体如表 4-10 所示。

表 4-10　CO_2捕集与运输关键技术的全球专利统计表

关键技术		中国专利/项	全球专利族/项
燃烧前捕集关键技术（13项）	A 空气分离—深冷法空分	303	818
	B 煤的制备—煤粉制备	215	429
	C 煤气化 1—气化炉	376	828
	C 煤气化 2—蒸汽转化	265	660
	D 煤气净化 1—除尘	119	726
	D 煤气净化 2—脱硫	238	531
	D 煤气净化 3—水洗	113	473
	E 二氧化碳捕集—化学吸收法	627	712
	F 燃气轮机发电 1—燃烧器	319	394
	F 燃气轮机发电 2—高温燃气轮机	108	942
	F 燃气轮机发电 3—富氢燃机	56	119
	G 蒸汽轮机发电 1—热量回收	137	723
	G 蒸汽轮机发电 2—蒸汽轮机	200	105
	总计	3076	7460
燃烧后捕集关键技术（29项）	A 化学吸收工艺—吸收剂 1—有机胺	271	861
	A 化学吸收工艺—吸收剂 2—吸收废液处理	88	232
	B 化学吸收工艺—热集成热祸合 1—捕集系统热集成	274	929
	B 化学吸收工艺—热集成热祸合 2—电厂耦合	59	460
	C 化学吸收工艺—反应器—反应塔	428	1690
	D 化学吸收工艺—工艺技术 1—反应热测定测量	38	30
	D 化学吸收工艺—工艺技术 2—反应动力学	36	50
	D 化学吸收工艺—工艺技术 3—放大规律	131	379
	D 化学吸收工艺—工艺技术 4—过程工艺优化	34	101
	E 化学吸收工艺—配套设备 1—尾气洗涤泵	118	454
	E 化学吸收工艺—配套设备 2—洗涤液冷却器	127	324
	E 化学吸收工艺—配套设备 3—富液泵	36	129
	E 化学吸收工艺—配套设备 4—贫富液转换（换热）器	26	72
	E 化学吸收工艺—配套设备 5—贫液泵	31	53
	E 化学吸收工艺—配套设备 6—贫液冷却器	31	134
	E 化学吸收工艺配套设备 7—冷水塔	38	32
	E 化学吸收工艺—配套设备 8—水洗塔	23	63
	E 化学吸收工艺—配套设备 9—烟气加压风机	33	146

续表

关键技术		中国专利/项	全球专利族/项
燃烧后捕集关键技术（29项）	E 化学吸收工艺—配套设备 10—吸收塔分离器	54	38
	E 化学吸收工艺—配套设备 11—再生气冷却器	21	190
	E 化学吸收工艺—配套设备 12—再生气分离器	21	26
	E 化学吸收工艺—配套设备 13—烟气测试仪	29	31
	F 化学吸收工艺—脱碳胺系统 1—碱泵	46	97
	F 化学吸收工艺—脱碳胺系统 2—胺回收加热器	25	199
	G 二氧化碳—CO_2压缩机	158	364
	H 二氧化碳精制 1—过滤器	130	848
	H 二氧化碳精制 2—分子筛	162	153
	H 二氧化碳精制 3—冷凝器	182	311
	H 二氧化碳精制 4—CO_2储槽	114	367
	总计	2764	8763
富氧燃烧捕集关键技术（12项）	A 制氧系统—深冷空分设备	62	258
	B 富氧燃烧锅炉及燃烧系统 1—富氧锅炉	39	176
	B 富氧燃烧锅炉及燃烧系统 2—预热器换热器	46	103
	B 富氧燃烧锅炉及燃烧系统 3—富氧燃烧器	36	361
	B 富氧燃烧锅炉及燃烧系统 4—氧气注入器	78	327
	C 烟气净化处理系统—烟气冷凝器	181	504
	D CO_2压缩纯化系统 1—烟气纯化与压缩	94	853
	D CO_2压缩纯化系统 2—酸性气体分离	69	985
	D CO_2压缩纯化系统 3—Hg 分离	83	138
	D CO_2压缩纯化系统 4—CO_2压缩机	104	364
	E 系统集成与控制 1—运行监测与控制	163	547
	E 系统集成与控制 2—系统集成与耦合优化	147	321
	总计	1102	4937
管道运输关键技术（6项）	A 工艺技术 1—CO_2超临界增压技术	98	715
	A 工艺技术 2—CO_2管道流动特性与模拟	32	33
	A 工艺技术 3—CO_2管道输送工艺系统设计	98	275
	B 安全技术 1—站场泄漏监测与安全保障一阀室管道设置与放空措施	13	271
	B 安全技术 1—站场泄漏监测与安全保障一泄漏监铆	55	266
	B 安全技术 2—腐蚀控制与管材选择	114	633
	总计	410	2193

CO_2捕集与运输关键技术的全球排名前20的专利权人和所述国家如下表4-11所示。在这20家公司中，欧洲公司的优势较为明显，共7家，其中5家跻身全球前10专利拥有量企业，分别为排名第1的法国液化空气集团、排名第4的法国阿尔斯通公司、排名第6的德国西门子、排名第7的德国林德集团和排名第9的荷兰皇家壳牌有限公司；美国公司5家，日本公司4家；上榜的中国公司只有一家，为中国石油化工集团公司，其他两家为清华大学和浙江大学。

表4-11 CO_2捕集与运输关键技术全球TOP20专利权人及所属国统计表

序号	专利权人英文名称	全球专利家族数量	专利权人中文名称	专利权人所属国
1	Air Liquide	262	液化空气集团	法国
2	General Electric Company	234	通用电气公司	美国
3	Mitsubishi Heavy Industries，Ltd.	189	三菱重工	日本
4	Alstom Sa	142	阿尔斯通公司	法国
5	Hitachi，Ltd.	124	日立公司	日本
6	Siemens Ag	121	西门子	德国
7	Linde Ag	94	林德集团	德国
8	China Petroleum&Chemical Corp.	72	中国石油化工集团公司	中国
9	Royal Dutch Shell Plc	70	荷兰皇家壳牌有限公司	荷兰
10	Praxair，Inc.	63	普莱克斯公司	美国
11	Toshiba Corporation	63	东芝公司	日本
12	Honeywell International Inc.	62	霍尼韦尔国际	美国
13	Tsinghua University	53	清华大学	中国
14	Exxon Mobil Corporation	52	埃克森美孚公司	美国
15	Basf Se	52	巴斯夫股份公司	德国
16	Air Products&Chemicals，Inc.	51	空气化工产品有限公司	美国
17	Zhejiang University	41	浙江大学	中国
18	Ihi Corporation	40	石川岛公司	日本
19	Southeast University	40	东南大学	中国
20	Ifp Energies Nouvelles	36	法国国际石油研究所	法国

4.5 本章小结

CO_2捕集是CCUS系统耗能和成本产生的主要环节，包括燃烧后捕集、燃烧前捕集以及富氧燃烧捕集三大类。CO_2捕集技术较早应用于化工、食品等行业，但随着CCUS技术的发展和示范，CO_2捕集技术取得了快速发展。CO_2运输是捕集和封存、利用阶段间的必要连接，其中管道运输技术最具应用潜力。本章具体结论如下：

（1）本章对某油田CCUS项目设计和某电站CCUS项目设计进行了调研，对CO_2捕集与运输技术链进行了分析与构建。某油田CCUS项目设计“燃烧后吸附法捕集技术—常温常压管道运输—CO_2驱油封存”的技术路线，捕集技术阶段的技术链流程为“初始烟气—CO_2捕集技术—再生塔—干燥技术—压缩技术”，运输技术阶段采用CO_2常温常压管道运输；某电站CCUS项目设计“燃烧后捕集一船舶运输—CO_2海上封存油”的技术路线，燃烧后捕集技术阶段具体的技术链流程为“炉膛出口烟气—第一阶段：脱销技术—第二阶段：传统电除尘器装置—第三阶段：脱硫技术—CO_2捕集、干燥阶段—CO_2压缩阶段—CO_2冷却液化阶段”。

（2）在调研的基础上，本章采用技术分级方案，结合专家咨询、文献调研和层次分析法，分析并建立了CCUS捕集关键技术清单。CCUS燃烧后捕集工艺路线清单共计子环节8段，技术类别44项，提取关键技术29项；CCUS燃烧前捕集工艺路线清单共计子环节7段，技术类别20项，提取关键技术13项；CCUS富氧燃烧捕集工艺路线清单共计子环节5段，技术类别19项，提取关键技术12项；CCUS管道运输工艺路线清单共子环节2段，技术类别5项，提取关键技术5项。本章还运用全流程关键技术评价方案，根据专家咨询结果，对CCUS富氧燃烧捕集关键技术进行了技术评价。

（3）本章建立了CO_2捕集与运输关键技术专利数据库，并对CO_2捕集和运输关键技术专利进行了整理和统计。CO_2捕集与运输关键技术总共含有60项关键技术的专利，其中中国专利累计7352项，全球专利族23353项。在CO_2捕集与运输关键技术的全球专利布局中，中国在CO_2捕集技术方面是重要的专利布局密集区，相对的CO_2管道运输方面的中国专利较少。

第 5 章

CO_2 地质利用与封存技术清单及专利分析

CO_2地质利用和封存阶段是 CCUS 终端技术链，是实现 CO_2永久性埋存并有效减少 CO_2排放量的具有可操作性方法。根据目标不同，CCUS 地质利用和封存技术分为 CO_2封存、CO_2驱石油、CO_2驱天然气等 9 类技术。从技术成熟性来说，CO_2在废弃油气井埋存、CO_2驱石油、CO_2驱天然气 3 项技术相对成熟，前者可以实现 CO_2的直接埋存，后两者是可实现 CO_2利用和封存的双重目标，目前在我国均处于示范项目阶段。本章开展 CCUS 地质利用与封存的关键技术清单与专利检索研究，摸清 CCUS 地质利用与封存技术流程以及各阶段使用的各类关键技术、方法、设备、材料等；建立较为完整的 CCUS 地质利用与封存关键技术清单表，为 CCUS 技术的应用提供参照；检索并建立全球 CO_2地质利用和封存专利信息数据库，了解并掌握关键技术的全球专利现状、分布（国家、时间、专利权人、机构等）、技术重点、核心专利等。

5.1 CO_2 地质利用与封存项目技术链分析与构建

为进一步了解 CO_2地质利用与封存技术的框架和流程，本书调研了某油田 CCUS 项目设计，对 CO_2地质利用与封存技术链进行了分析与构建。某油田采用“CO_2驱油封存”的技术路线，已经成功启动了 2.5 万 t/a CO_2封存规模的 CCUS 全流程示范项目，在 50 万～100 万 t/a 的规模中所设计的技术也相当成熟。表 5-1 给出了技术链/阶段的详细情况。

表 5-1 某油田 CCUS 项目设计 CO_2趋油封存的技术清单

技术链/阶段	重要技术或参数
场地勘探与表征	场地表征技术（包含场地的精确勘探与表征：包含储盖层的空间分布、流体性质等一系列的信息）

续表

技术链/阶段	重要技术或参数
场地勘探与表征	储层深度
	储层容量
	盖层类型
	盖层厚度
	场地表征技术的精度
	流体储量预估方法
	流体储量监测技术
	储层空间监测技术
	储层空间预估方法
场地建模与预测技术（也属于风险与环境评价技术中）	见下面
钻井、完井与固井技术（多开技术需要多次钻井、完井与固井） 多开技术的选择不一致；	钻井设备及关键性能参数
	钻井方式（垂直或水平）及关键参数
	钻井方法
	取芯技术及关键方法
	钻井液及参数（用量、使用）
	地层适合性评价方法
	完井技术
	固井技术
	固井使用水泥型号与填充剂
	固井使用水泥与填充剂
	关键性能参数
	射孔技术及关键参数
	井射孔区间与关键参数
	井的完整性测试方法及关键参数
注入泵/封存泵	泵的类型
	入口压力
	出口压力
	流量
	效率
	辅助设施（如气液分离器、加热器等）及关键参数

续表

技术链/阶段	重要技术或参数
注入井	设计寿命
	设计流量
	井深
	井底温度
	井口压力
	井底压力
	套管（三开与二开等技术不同，其套管技术选择不同 Casing）材质及关键参数
	表层套管（SurfaceCasing）材质及关键参数
	油管（InjectionCasing）材质及关键参数
	封隔器及关键参数
	桥塞及关键参数
	采油树及关键参数
	井下阀门及关键参数、井底监测设备及关键参数（温度、压力、流量等）
	油管（Tubing）及关键参数
生产井	地表设备
	井底设备（抽采、封隔、封堵、钻井本身）
	井底设备（抽采）及关键参数
	井底设备（封堵）及关键参数
	井底设备（钻井）及关键参数
	井底设备（封隔）及关键参数
	防腐技术（环空）及关键参数
	钻井大修技术及关键参数
地表设备	三相分离及关键参数
	集油罐及关键参数
CO_2-EOR 采油	驱油技术类型（依据具体的场地条件筛选）
	原油产量
	提高采收率（%）

续表

技术链/阶段	重要技术或参数
地面集输	管道输运连接阀及关键
	管道输运截止阀及关键
	管道防腐技术
	其他管道防腐技术
	管道参数
循环利用（气体、油与咸水）气体包含捕集、压缩设备一套；咸水包含水处理、增压与循环设备一套	循环利用气体流量
	循环利用回收装备及关键参数
	循环利用纯化装备及关键参数
大气监测技术	远程开放路径红外激光气体分析
	便携式红外气体分析器及监测参数
	机载红外激光气体分析及监测参数
地表监测技术	卫星或机载光谱呈像及监测参数
	卫星干涉测量技术及监测参数
	土壤气体分析及监测参数
	土壤气体流量计监测参数
	涡度协方差
	地下水和地表分析及监测参数
	生态系统监测及监测参数
	热成像光谱及监测参数
	地面倾斜度监测及监测参数
	浅层二位地震及监测关键参数
软件控制技术	建模与预测软件

5.2 CO_2 地质利用与封存关键技术遴选

5.2.1 遴选原则

通常，技术是指为了达到相同目标，协同一起所形成的操作、工具、管理及工艺、规则等集群的体系，具备包括设备、数据、信息、方法、工具、法规等。

针对 CCUS 地质利用与封存技术的步骤多、种类多、可选择性多的特点，按照横向“可选择性+操作流程”、纵向“技术流程”的二维尺度，将 CCUS 地质利用与封存技术集群按照如图 5-1 所示的“二维原则”进行分类。按照“由粗到细”的范围，可将 CCUS 地质利用与封存阶段分为技术阶段、技术流程、技术大类、技术亚类、技术细类等五大类。

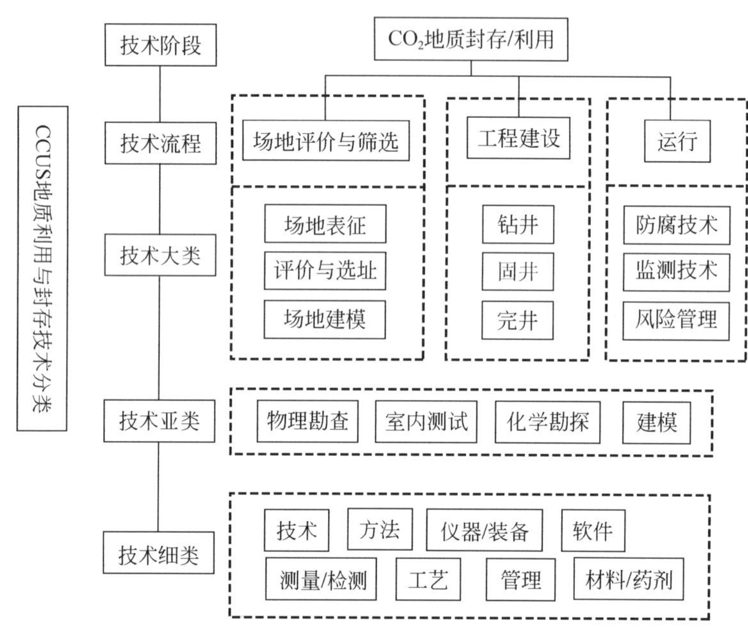

图 5-1　CCUS 地质利用与封存技术集群分类体系表

图 5-1 清楚地标示出 CCUS 利用与封存技术实施的各阶段、各个流程以及所使用的各类技术、方法、仪器设备、软件、监测测量、工艺、材料等，为进一步建立 CCUS 地质封存与利用的关键技术清单提供了理论依据。

5.2.2　关键技术清单

根据研究方法、研究目标、研究的技术分类，结合专家咨询、文献调研和层次分析法等，分析并建立了 CCUS 地质利用与封存关键技术清单，具体请见表 5-2。

表 5-2　CCUS 地质利用与封存阶段关键技术清单

序号	技术阶段	技术大类	技术亚类	技术细类
1	场地评价与筛选	场地表征（监测的背景测试）与监测技术	物理勘探技术	3D 地震
2				2D 地震
3				垂直地震剖面（VSP）
4				随钻监测技术
5				测井技术
6				录井技术（勘察与表征方向）
7				废弃钻井勘察
8			室内测试	钻井取样与室内岩心分析
9			化学勘探技术	矿物与元素分析技术
10				同位素分析
11				地层流体成分分析
12				遥感（机载与卫星负载）
13		场地建模	地质模型建立	多参数综合分析与取值
14				地质建模软件
15				数值模拟分析软件
16		适宜性评价与选址		场地筛选方法
17				场地比选方法
18	工程建设	钻井/完井/固井	钻井（垂直井）	钻井
19				钻井方法
20				钻井设备
21				完井
22				固井
23				储层增渗
24			井口设备深层	CO_2储罐
25				大流量高效注气泵（CO_2）
26				CO_2温度调节
27				三相分离器（含两相）
28				CO_2循环技术
29				防井喷采油树
30				集油罐技术

续表

序号	技术阶段	技术大类	技术亚类	技术细类
31	工程建设	钻井/完井/固井	井下设备	封隔器/封堵/封隔技术
32				抽油泵/抽采技术
33				桥塞
34				油管
35				井下阀门
36				采油树
38				环空技术
39				钻井大修技术
40				套管
41				气体多层流量控制技术
42	运行	防腐技术		缓蚀剂（环空与井下防腐）
43				耐腐蚀井下设备
44		监测技术	空中	合成孔径雷达
45				气体成分监测（CO_2）
46				光谱成像（机载与星载）
47				微重力测量
48				远程开放路径红外激光气体分析技术
49			地表	便携式红外气体分析器技术
50				机载红外激光气体分析技术
51				植被检测
52				气体成分检测
53				红外二极管激光器（大面积CO_2监测）
54				非色散红外气体分析仪
55				卫星或机载光谱成像
56				卫星干涉测量技术
57			浅层	气体流量监测
58				土壤气体成分浓度监测
59				浅表水检测

续表

序号	技术阶段	技术大类	技术亚类	技术细类
60	运行	监测技术	深层	深部地下水与气体检测
61.1				井下温度监测
61.2				井下压力监测
61.3				井下流量监测
62				深部流体取样监测
63				长期井底 pH 监测
64				井底示踪剂监测
65				微震监测
66				3D 地震
67				2D 地震
68				VSP
69				ERT
70		风险管理	识别、评价与预警	CO_2泄漏评价
71				力学稳定性
72				环境影响评价
73			补救	钻井修复工艺
74				地层泄漏补救工艺
75				断层泄漏补救工艺
76				废弃钻井修复工艺

本节对CO_2地质封存关键技术开展全球专利检索。表 5-3 表示了对关键技术开展全球专利检索结果。(因完善，表中删掉 37，将 61 分为 61.1、61.2、61.3)，共检索 71 次，合计专利数量为 16612 项。其中，有 15 项关键技术的专利检索数量不超过 10 项，有的技术专利检索的结果甚至为零，具体包括废弃钻井勘察技术、地层流体成分分析、CO_2温度调节技术、CO_2循环技术、套管技术、微重力测量、远红外激光气体分析技术、便携式红外激光分析技术、植被检测、深部地下水与气体检测技术、CO_2泄露评价、地层泄露补救工艺等。

表 5-3　CO_2地质封存关键技术的全球专利检索结果

技术编号	1	2	3	4	5	6	7	8	9
专利数	246	45	132	1061	23	217	6	74	30
技术编号	10	11	12	13	14	15	16	17	18
专利数	151	2	3756	114	309	43	16	16	1690

续表

技术编号	19	20	21	22	23	24	25	26	27
专利数	336	28	1381	183	11	22	89	5	202
技术编号	28	29	30	31	32	33	34	35	36
专利数	2	79	133	38	942	306	89	147	599
技术编号	38	39	40	41	42	43	44	45	46
专利数	21	同73	/	14	130	22	1722	114	447
技术编号	47	48	49	50	51	52	53	54	55
专利数	/	/	2	1	1	同45	36	23	/
技术编号	56	57	58	59	60	61.1	61.2	61.3	62
专利数	53	124	12	34	/	275	513	373	11
技术编号	63	64	65	66	67	68	69	70	71
专利数	31	14	22	同1	同2	同3	3	8	/
技术编号	72	73	74	75	76	合计			
专利数	63	6	/	15	同73	16612			

5.2.3 关键技术的遴选及专利统计

在关键技术清单中，列出了 CO_2 封存阶段各流程所采用的 76 项关键技术。为了进一步确定这些关键技术中对 CO_2 利用封存具有重要作用的科学技术，通过专家咨询的方法，从关键技术环节中，遴选出 3D 地震、废弃钻井勘察、遥感（机载与卫星负载）等 21 项重要技术，确定其关键词，并开展专利检索，重要技术清单及专利检索结果如表 5-4 所示。专利检索时间为 2014 年 4 月 30 日，检索 21 次，专利总计 1367 项。

表 5-4　遴选的 21 项 CCUS 地质封存重要技术及专利检索结果

序号	技术环节	技术分类	技术亚类	重要技术	重要关键词	专利数量
1	场地评价与筛选	场地表征	物理勘查	3D 地震	three dimensional seismic; 3D seismic	246
2			物理勘查	废弃钻井勘察	waste drilling; abandoned well; prospection; reconnaissance; survey; investigation; explore	6
3			化学勘探	遥感（机载与卫星负载）	Remote Sensing; RS; Carbon Dioxide; Carbon Dioxide; Greenhouse gas	31

续表

序号	技术环节	技术分类	技术亚类	重要技术	重要关键词	专利数量
4	场地评价与筛选	场地建模	地质模型建立	多参数综合分析与取值	multiple parameters analysis and synthesis	3
5				地质建模软件	geological modeling software；Geological Reservoir Model；model of geologic	309
6				数值模拟分析软件	numerical simulation software；geologic；reservoir	43
7		适宜性评价与选址		场地筛选方法	site screening and selection；multi-criteria，probability，faults tree and so on	16
8	工程建设	钻井、完井、固井		完井（CO_2）	well completion；Carbon Dioxide；Carbon Dioxide；Greenhouse gas	20
9				固井（抗 CO_2 添加剂/水泥）	well cementation；Carbon Dioxide；Carbon Dioxide；Greenhouse gas	18
10		井口设备		大流量高效注气泵（CO_2）	CO_2 pump；CO_2 injection pump；Carbon dioxide injection pump	89
11				防井喷采油树	production tree；Christmas tree；blowout；blowaut；wellblowing	79
12		井下设备		封隔器/封堵/封隔技术（CO_2）	packer；block；Carbon Dioxide；Carbon-Dioxide；Greenhouse gas	38
13				气体多层流量控制技术	multi- interval or multi- layer injection technologies	143

续表

序号	技术环节	技术分类	技术亚类	重要技术	重要技术关键词	专利数量
14	运行	监测技术	空中	合成孔径雷达	synthetic aperture radar; Carbon Dioxide; CarbonDioxide; Greenhouse gas	7
15			空中、地表	气体成分检测	Carbon Dioxide; Carbon Dioxide; greenhouse gas; constituent; ingredient; concentration; composition; detection; test; inspection	114
16			深层	深部流体取样监测（电化学、温度、流量、水质、气质、压力等）	Bottom-hole fluid sampling and monitoring system	11
17			深层	微震监测	microseismic monitoring	22
18		风险管理	识别、评价与预警	CO_2泄漏评价（集成性技术）	evaluation of CO_2 leakage	8
19				力学稳定性	mechanical stability	47
20				环境影响评价	environmental impact assessment	34
21			补救	钻井修复工艺（主要指地层泄露补救工艺、废弃钻井修复工艺、断层泄露补救工艺）	drilling repair; maintain	83
22	合计					1367

5.3 CO_2 地质利用与封存关键技术专利分析

根据上面对关键核心技术在国内外不同的发展水平、差距及专利数量的差异，选出大流量高效注气泵（CO_2）、封隔器/封堵/封隔技术（CO_2）、微震监测、合成孔径雷达、气体成分检测、3D 地震、环境影响评价、气体多层流量控制技术、力学稳定性、地质建模等 10 项中国可能需要引进的技术，并开展国内外专利的分析。

5.3.1 大流量高效注气泵

大流量高效注气泵（CO_2）共检索到89项专利，其中国外独有专利54项，中国独有专利28项，同时在国内外申请的专利为7项。目前，该技术在国外处于工业示范应用阶段，国内处于中试（实验室应用）阶段。

图5-2给出了大流量高效注气泵（CO_2）相关专利数量不少于5项的前6位国家/地区的专利数量的年度分布情况。近年来，中国、日本、美国在大流量高效注气泵专利数量上都呈现出增长的态势。日本的大流量高效注气泵相关专利起步很早，并在2006前一直处于领先位置。美国的大流量高效注气泵相关专利也起步较早，并保持与日本并驾齐驱之势。近年来，中国是大流量高效注气泵（CO_2）专利领域的后起之秀，2005年后，特别是近5年相关专利数量快速上升。

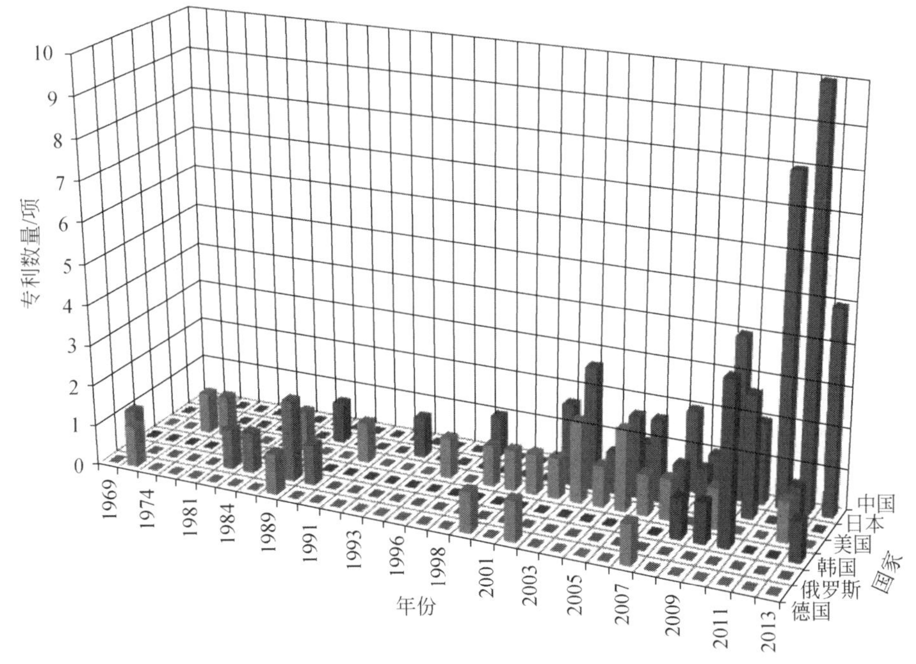

图5-2 大流量高效注气泵主要专利优先权国时间分布

大流量高效注气泵（CO_2）的主要专利权人包括法国阿尔斯通（3项）、日本神户钢铁（3项）、日本光洋精工（3项）。主要涉及的技术领域包括土层或岩石的钻进中使用热能，例如，注入蒸汽、提高开采碳氧化合物的方法等。

5.3.2 封隔器

封隔器/封堵/封隔技术共检索到 38 项专利，其中国外独有专利 34 项，中国独有专利 4 项。目前，该技术在国外处于工业示范应用阶段，国内处于中试（实验室应用）阶段。值得重视和关注的是，封隔器/封堵/封隔技术的国外独有专利数量远大于中国独有专利数量，且技术成熟度远高于中国。

图 5-3 给出了封隔器/封堵/封隔技术相关专利数量不少于 3 项的前 3 位国家/地区的专利数量的年度分布情况。封隔器/封堵/封隔技术主要国家为美国、中国和加拿大。其中，美国 20 世纪 80 年代就已开展相关研究，并一直处于领先位置。加拿大也有 3 项相关专利，但与美国相比数量较少。2009 年后，中国在封隔器/封堵/封隔技术上有一定的发展。

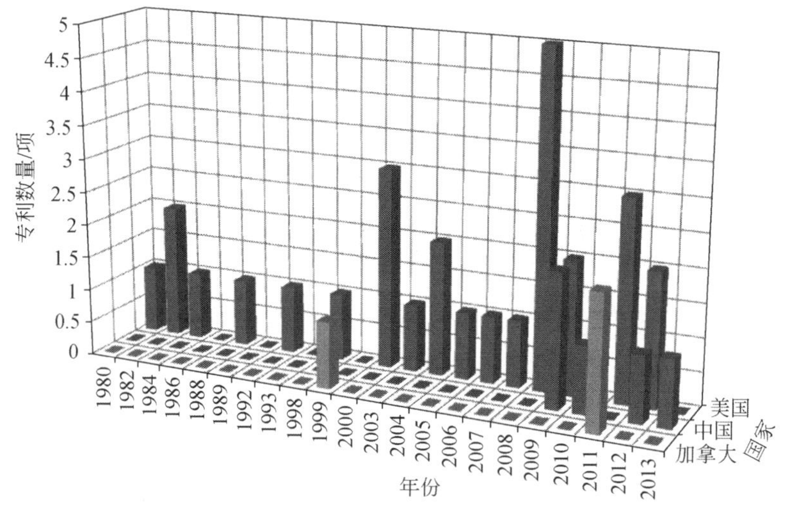

图 5-3 封隔器/封堵/封隔技术主要专利优先权国时间分布

封隔器/封堵/封隔技术的主要专利权人包括美国斯伦贝谢（5 项）、美国哈利伯顿（3 项）、美国美孚石油（3 项）。主要涉及的技术领域包括土层或岩石的钻进中的封隔器；促进油气产量的方法；提高开采碳氧化合物的方法等。

5.3.3 微震监测技术

微震监测共检索到 22 项专利，其中国外独有专利 13 项，中国独有专利 8

项，同时在国内外申请的专利为1项。目前，该技术在国外处于工业示范应用阶段，国内处于中试（实验室应用）阶段。

图5-4给出了微震监测共相关国家/地区的专利数量的年度分布情况。微震监测技术出现于21世纪初，美国在相关技术专利上一直较多。近年来，中国在该专利领域发展较快，且2012年开始专利数量远超过美国。

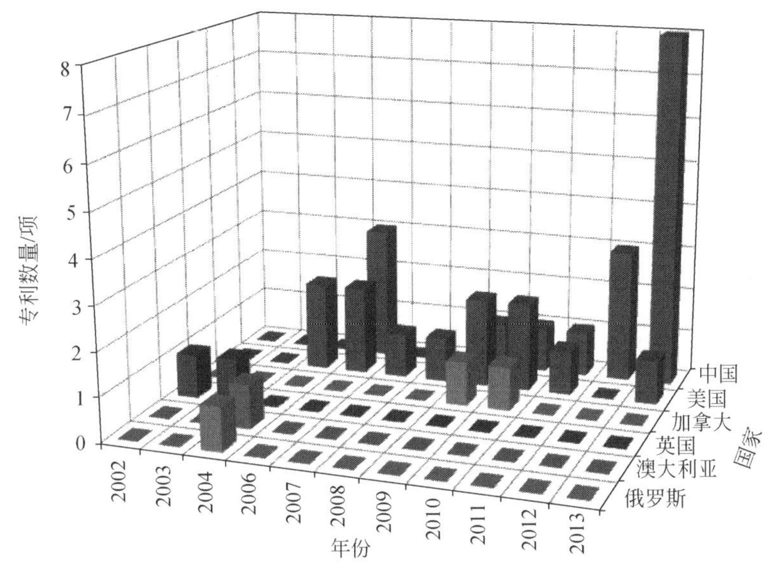

图5-4 微震监测主要专利优先权国时间分布

微震监测的主要专利权人包括美国斯伦贝谢（3项）、中国北京微赛思技术有限公司（3项）、美国PRAD研究发展公司（2项）。主要涉及的技术领域包括信号装置或警报装置的特殊应用、地震或声学的勘探或探测、地震数据的处理等。

5.3.4 合成孔径雷达技术

合成孔径雷达共检索到7项专利，其中国外独有专利6项，同时在国内外申请的专利为1项，而中国并没有相关独有专利。目前，该技术在国外处于工业示范应用阶段，国内处于基础研究向中试（实验室应用）过渡阶段。合成孔径雷达相关专利数量较少，主要专利权人包括美国斯伦贝谢（1项）和美国洛克希德马丁公司（1项）。

5.3.5 气体成分检测

气体成分检测共检索到114项专利，其中国外独有专利94项，中国独有专利11项，同时在国内外申请的专利达9项。目前，该技术在国外处于商业化应用阶段，国内处于中试（实验室应用）阶段，国内外技术差距较大。

图5-5给出了气体成分检测相关专利数量不少于4项的前6位国家/地区的专利数量的年度分布情况。近年来，中国、日本、美国在气体成分检测专利数量上都呈现出增长的态势。日本的气体成分检测相关专利起步很早，并一直处于领先位置。美国的气体成分检测相关专利起步最早，并保持与日本并驾齐驱之势。近年来，特别是近三年，中国在气体成分检测专利领域的发展较快，相关专利数量快速上升。

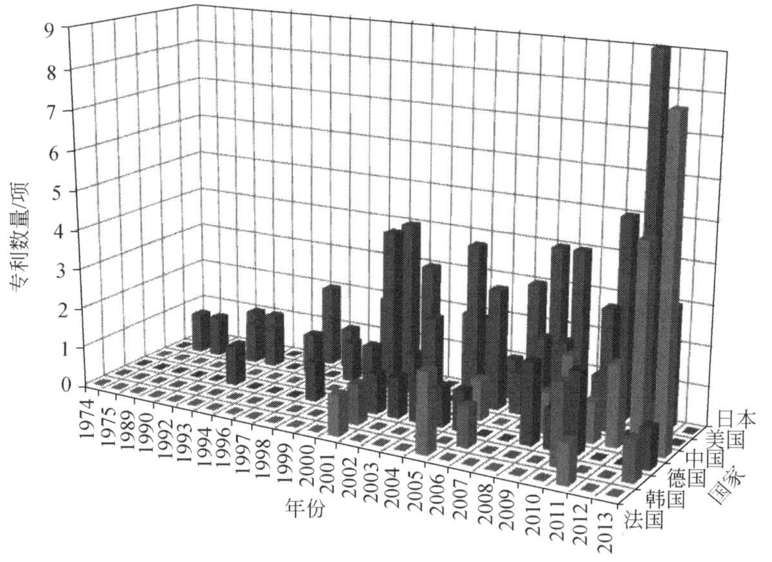

图5-5 气体成分检测主要专利优先权国时间分布

气体成分检测的主要专利权人包括日本矢崎公司（5项）、德国博世公司（4项）、日本丰田纺织公司（4项）。主要涉及的技术领域包括借助于测定材料的化学或物理性质来测试或分析材料等。

5.3.6 3D 地震技术

3D 地震共检索到 246 项专利，其中国外独有专利 196 项，中国独有专利 31 项，同时在国内外申请的专利达 19 项。目前，该技术在国外处于工业示范应用向商业化应用过渡阶段，国内处于工业示范应用阶段，国内外技术存在差距。3D 地震技术中国独有专利数量远小于国外独有专利数量，且同时在国内外申请的专利达 19 项，值得重视。

图 5-6 给出了 3D 地震相关专利数量不少于 10 项的前 5 位国家/地区的专利数量的年度分布情况。3D 地震方面，美国 20 世纪 70 年代就已开展相关研究，并一直处于领先位置。此外，法国、加拿大、英国在 3D 地震方面也有一定的专利，但与美国数量相比差距较大。中国在 20 世纪 90 年代末出现 3D 地震相关专利，并在最近几年发展较快，专利数量仅次于美国。

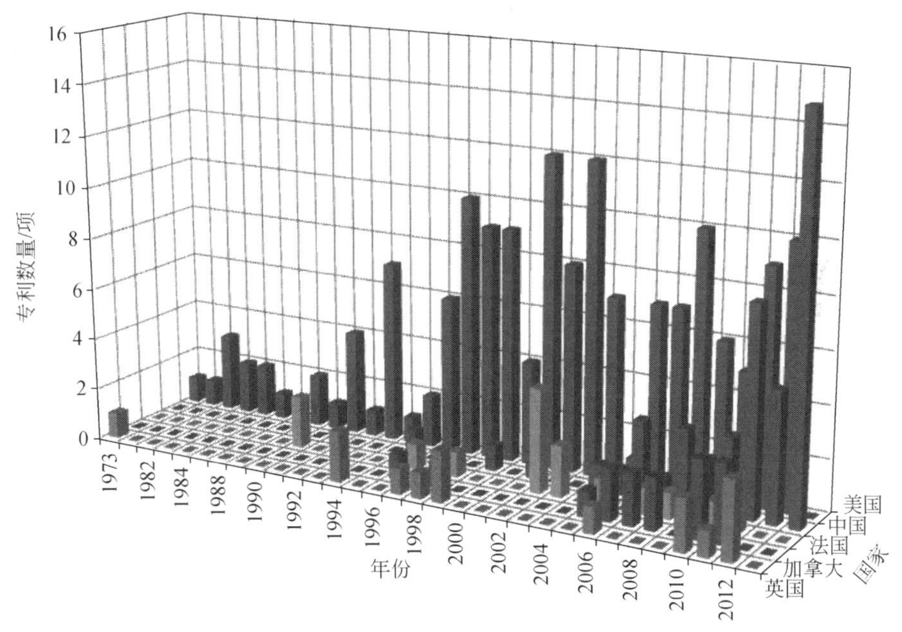

图 5-6 3D 地震主要专利优先权国时间分布

3D 地震的主要专利权人包括美国斯伦贝谢（21 项）、美国埃克森美孚（19 项）、美国菲利普石油（8 项）。主要涉及的技术领域包括地震数据的处理、地震数据的分析、专门适用于特定应用的数字计算或数据处理的设备或方法等。

5.3.7 环境影响评价技术

环境影响评价共检索到 34 项专利，其中国外独有专利 33 项，中国没有独有专利，同时在国内外申请的专利 1 项。目前，该技术在国外处于中试（实验室应用）向工业示范应用发展阶段，国内处于中试（实验室应用）阶段，国内外技术存在差距。中国目前没有相关的环境影响评价专利，且国外专利权人已在国内申请专利，值得重视。

图 5-7 给出了环境影响评价相关专利数量前 5 位国家/地区的专利数量的年度分布情况。日本在环境影响评价专利领域具有绝对优势，最早于 1997 年就已经开展 CO_2 环境影响评价相关方面的研究。英国、韩国、美国、加拿大等国家，虽有环境影响评价相关专利，但在数量上与日本差距较大。中国目前还没有环境影响评价的相关专利。

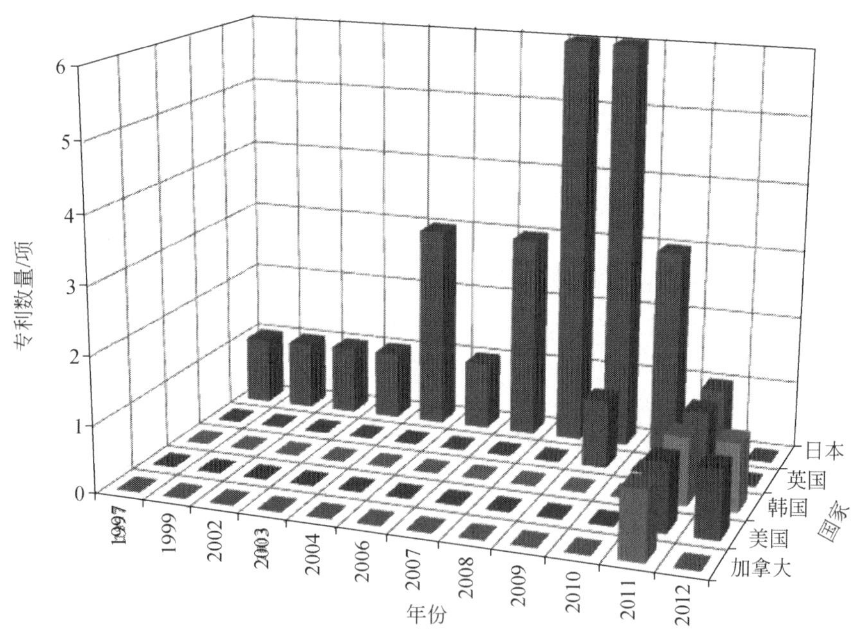

图 5-7 环境影响评价主要专利优先权国时间分布

环境影响评价地震的主要专利权人包括日本独立行政法人交通安全环境研究所（4 项）、日本富士综合研究所（4 项）、日本日立公司（4 项）。主要涉及的技术领域包括专门适用于特定经营部门的系统或方法和固体废物的破坏或将固体废物转变为有用或无害的东西等。

5.3.8 气体多层流量控制技术

气体多层流量控制技术共检索到 143 项专利，其中国外独有专利 116 项，中国独有专利 19 项，同时在国内外申请的专利达到 8 项。目前，该技术在国内外都处于基础研究阶段和中试（实验室应用）阶段的中间阶段。气体多层流量控制技术的中国独有专利远远落后于国外独有专利数量，且国外专利权人在国内申请数量达到 8 项，值得重视。

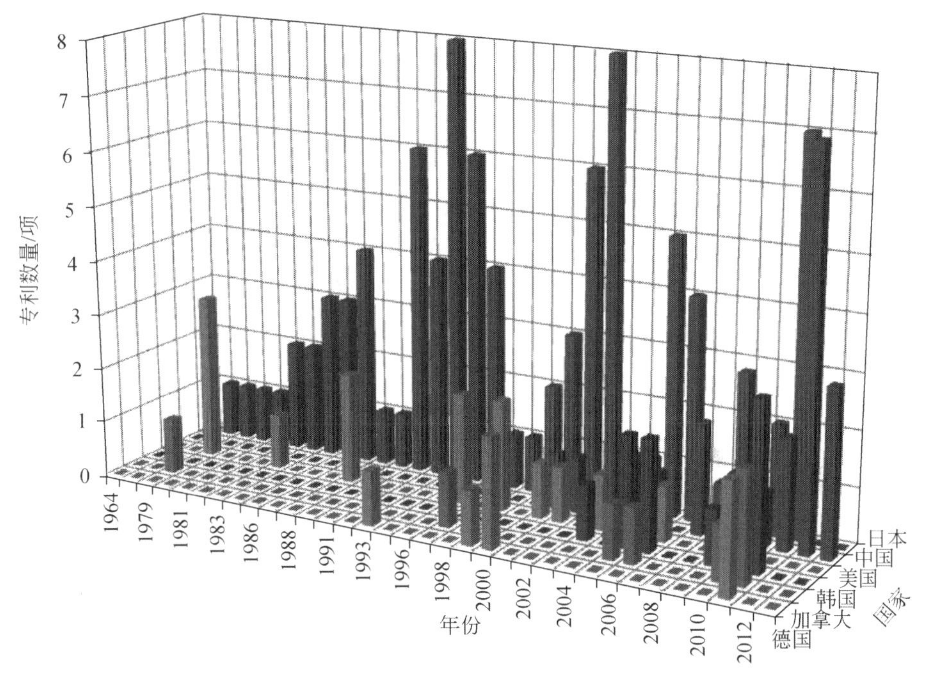

图 5-8 气体多层流量控制技术主要专利优先权国时间分布

图 5-8 给出了气体多层流量控制技术相关专利数量专利数量不少于 5 项的前 6 位国家/地区的专利数量的年度分布情况。气体多层流量控制技术领域的主要国家包括日本、中国、美国、韩国、加拿大、德国等。日本最早于 20 世纪 60 年代开始这类技术的研究，并长期处于领先位置。近年来，特别是近三年，中国在气体多层流量控制技术专利领域的发展较快，相关专利数量快速上升。

气体多层流量控制技术的主要专利权人包括日本凸版印刷株式会社（16 项）、日本三菱瓦斯公司（5 项）、美国罐公司（4 项）、日本旭化成公司（4 项）。主要涉及的技术领域包括塑料加工的注射成型和层状产品等。

5.3.9 力学稳定性

力学稳定性共检索到47项专利，其中国外独有专利37项，中国独有专利2项，同时在国内外申请的专利共8项。目前，国内外都处于中试（实验室应用）阶段。国外在国内申请力学稳定性专利数量较多，远高于国内独有专利数量，值得注意。

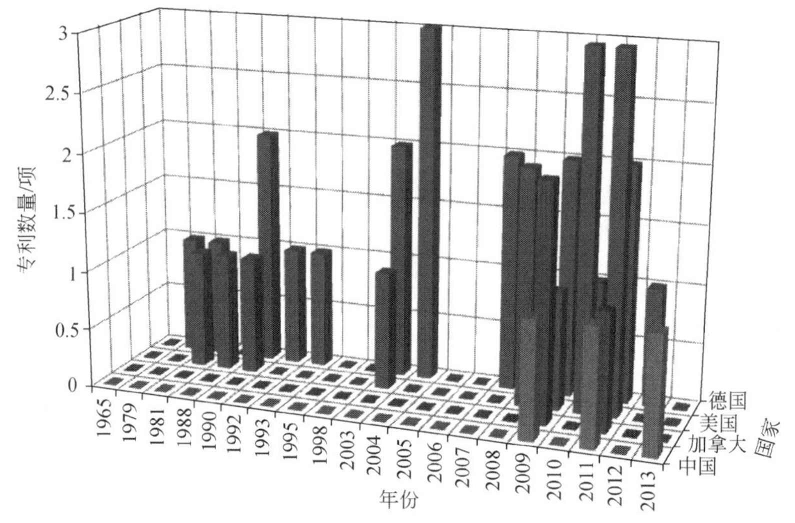

图5-9 力学稳定性主要专利优先权国时间分布

图5-9给出了力学稳定性相关专利数量专利数量不少于3项的前4位国家/地区的专利数量的年度分布情况。力学稳定性技术主要国家为德国、美国、加拿大和中国。其中，德国和美国在20世纪80年代左右就已开展相关研究，并一直处于领先位置。加拿大也有2项相关专利，但与美国相比数量较少。2009年开始，中国在力学稳定性技术上有一定的发展。

5.4 核心技术专利解读

在遴选CCUS地质利用与封存关键技术的基础上，根据技术领域国内外情况、专家咨询、被引次数等，确定其核心专利。表5-5表示了这些专利的技术领域、被引次数、英文标题、中文标题、国际专利分类、优先权国、公开时间、专利权人等详细信息。

表 5-5　CCUS 地质利用与封存核心技术专利信息

专利号	技术领域	英文标题	中文标题	被引次数	国际专利分类	优先权国	公开时间	专利权人
CN103454681-A	3D 地震	Method for evaluating three-dimensional seismic observation system imaging effect, involves determining seismic wave offset imaging coefficient by target point position according to target region	评价三维地震观测系统成像效果的方法和设备	0	G01V-001/36	中国	2013-8-28	中国石油集团川庆钻探工程有限公司地球物理勘探公司
CN103489159-A	3D 地震	Three-dimensional earthquake data image denoising method, involves setting structure-directing filter parameters of three-dimensional seismic image data filter parameter sigma model of structure tensor	基于三边结构导向滤波的三维地震数据图像降噪方法	0	G06T-005/00	中国	2013-9-2	电子科技大学

续表

专利号	技术领域	英文标题	中文标题	被引次数	国际专利分类	优先权国	公开时间	专利权人
US2013294197-A1; WO2013169620-A1	3D 地震	Method for modeling sub-seismic three-dimensional fracture networks, involves generating training image for sub-seismic scale characteristics of networks of seismic-resolution data set using portion of seismicre-solution data set	亚地震三维裂隙网络的建模方法,包括利用地震分辨率的数据集的一部分,生成训练图像用于地震分辨率的数据网络的亚地震尺度特征	0	G01V-001/28; G01V-001/30; G06F-019/00	美国	2012-5-6	SCHLUMBERGER TECHN OLOGY CORP (SLMB-C); SCHLUMBERGER CANADALTD (SLMB-C); SERVICES PETROLIERS SCHLUMBERGER (SLMB-C); SCHLUMBERGER HOLDINGS LTD (SLMB-C); SCHLUMBERGER TECHNOLOGY BV (SLMB-C); PRAD RES & DEV LTD (PRAD-C); SCHLUMBERGER TECHNOLOGY CORP (SLMB-C)
WO2008147809-A1; US2008294393-A1; EP2153249-A1	3D 地震	Three-dimensional model generating method for geophysical exploration, involves converting three-dimensional geologic model to three-dimensional elastic geologic model of near surface layer	用于地球物理勘探的三维模型生成方法,涉及转换的三维地质模型,近地层的三维弹性地质模型	3	G01V-011/00; G06F-017/50	美国	2007-5-24	SCHLUMBERGER CANADA LTD (SLMB-C); GECO TECHNOLOGY BV (WGSC-C); WESTERNGECO LLC (WEST-Non-standard); LAAKE A W (LAAK-Individual); STROBBIA C (STRO-Individual); CUTTS A (CUTT-Individual); GECO TECHNOLOGY BV (WGSC-C)

续表

专利号	技术领域	英文标题	中文标题	被引次数	国际专利分类	优先权国	公开时间	专利权人
WO2013150464-A1	3D 地震	Method for processing e. g. seismic survey data to build up image of survey area for identifying geological formations in saltwater environment, involves transforming combined data from frequency- space domain into time-space domain	地震调查数据的处理方法，建立调查区域图像用于识别在盐水环境中的地质构成，涉及转换综合数据从频率空间域到时间空间域	0	G01V-001/28；G01V-001/36	美国	2012-4-4	GECO TECHNOLOGY BV（WGSC-C）；WESTERNGECO LLC（WGSC-C）；SCHLUMBERGER CANADA LTD（SLMB-C）；SCHLUMBERGER TECHNOLOGY BV（SLMB-C）
WO2013048548-A1	遥感（机载与卫星负载）	Full- framed multi- band programmable hyper spectral/spatial system i. e. remote sensor, for imaging e. g. chemicals or byproduct, has detector for receiving light from selective element, where light comprises image representation of light	全画幅多波段可编程高光谱/空间系统，例如远程传感器，用于如化学品或副产品的成像，具有探测器接受来自选择性元素的光	0	G01J-003/28	美国	2011-9-30	LOS ALAMOS NAT SECURITY LLC（LALA-Non-standard）

续表

专利号	技术领域	英文标题	中文标题	被引次数	国际专利分类	优先权国	公开时间	专利权人
CN101183154-A; CN101183154-B	多参数综合分析与取值	Geological logging explanation and evaluation method for petroleum well drilling exploration, involves adding mark by utilizing mark information of character of storage layer, and comparing mark with corresponding highest mark of index	一种地质录井解释评价方法	0	G01V-001/28	中国	2007-11-30	辽河石油勘探局
CN1743872-A; CN100437147-C	多参数综合分析与取值	Multi- parameter dimension-reducing oil-gas-water-layer identifying method	多参数降维油气水层识别方法	0	G01V-003/18; G01V-003/38	中国	2005-9-26	大庆油田
US2013125057-A1; US8566749-B2	多参数综合分析与取值	Multiple parameters data analysis method for facilitating analysis and forecast of complex multiple- objects involves generating display output for data spaces for data sets having perpendicular axes selected from index pseudo-dimension axes	多参数数据分析方法，用于简化分析复杂的多对象，并预测多个参数的数据分析方法，包括生成数据集的数据空间的显示输出	0	G06F-003/0481; G06F-013/00; G06F-015/00	美国	2011-2-15	KASHIK A (KASH-Individual); GOGONENKOV G (GOGO-Individual)

续表

专利号	技术领域	英文标题	中文标题	被引次数	国际专利分类	优先权国	公开时间	专利权人
FR2823877-A1; NL1020410-C2; NO200201824-A; GB2375635-A; US2003028325-A1; US6662109-B2; GB2375635-B	地质建模软件	Production, from dynamic data, of timely geological model of physical property characteristic of structure of underground layer being examined, includes parametrizing fine mesh model to obtain distribution of property	从动态数据生成检测地层物理性质的特征结构的实时地质模型，包括设定参数，细网格模型到取得特征分布	39	E21B-043/00; G01V-011/00; G06F-017/00; G01V-001/30; G06F-017/10; G06F-019/00; G06F-017/18; G06F-017/60; G01V-009/00	法国	2001-4-19	INST FRANCAIS DU PETROLE (INSF-C); INST FRANCAIS DU PETROLE (INSF-C); ROGGERO F (ROGG-Individual); MEZGHANI M (MEZG-Individual)
GB2413200-A; US2005234690-A1; FR2869116-A1; NO200501563-A; NL1028733-C2; GB2413200-B; US7603265-B2	地质建模软件	Construction of geomechanical model of underground zone to be coupled with reservoir model, by associating geomechanical properties with various cells of fine grid of geological model, on basis of experimental, well, and/or seismic data	耦合油藏模型的地下岩土力学模型的构建，通过将地质属性与地质模型精细网格结合，以实验、井或地震数据为基础	17	G06F-017/50; G06G-007/48; G01V-001/28; G06T-007/60; G01V-009/00; G01V-011/00; G06F-009/455	英国	2004-4-14	INST FRANCAIS DU PETROLE (INSF-C); MAINGUY M (MAIN-Individual); LONGUEMARE P (LONG-Individual); LEMONNIER P (LEMO-Individual); CHALON F (CHAL-Individual); INST FRANCAIS DU PETROLE (INSF-C); INST FRANCAIS DU PETROLE (INSF-C)

续表

专利号	技术领域	英文标题	中文标题	被引次数	国际专利分类	优先权国	公开时间	专利权人
US2014039853-A1	数值模拟分析软件	Computer implemented method for performing field-scale numerical simulation of multiphase flow of e. g. gaseous fluids within hydrocarbon reservoir, involves solving computation matrix using fully coupled nonlinear conservation equations	计算机实现方法,用于如油气藏中气态流体的多相流的流场尺度数值模拟,涉及使用全耦合非线性守恒方程求解矩阵计算	0	G01V-099/00	美国	2011-1-10	SAUDI ARABIAN OIL CO (SAOI-C)
CN102410022-A; CN102410022-B	完井(CO_2)	Protection of fractured carbonate rock reservoir by adding low damage solid-free drilling fluid well completion liquid including water, carboxymethyl cellulose, and carbonate in crack opening, and squeezing crack layer section	一种裂缝性碳酸盐岩储层保护方法	0	C09K-008/12; E21C-041/20	中国	2010-9-21	中国石油天然气集团公司中国石油集团钻井工程技术研究院

续表

专利号	技术领域	英文标题	中文标题	被引次数	国际专利分类	优先权国	公开时间	专利权人
US4718492-A; CA1249777-A	完井（CO_2）	Protecting well completion from carbon di: oxide damage to cement - by coating of cured epoxy! resin deposited within perforations of casing string and cement tunnels	保护完井中CO_2损伤水泥，通过固化环氧树脂涂料在套管柱和水泥隧道中沉淀	2	E21B-021/14; E21B-033/13; E21B-041/02	加拿大	1985-2-11	SHELL OIL CO（SHEL-C）
CN102504780-A; CN102504780-B	固井（抗CO_2添加剂/水泥）	Cement used for well cementation comprises aluminate cement or sulfoaluminate cement, phosphate, and filler	可耐CO_2腐蚀的固井用水泥	0	C09K-008/46	中国	2011-9-30	天津中油渤星工程科技有限公司，中国石油集团海洋工程有限公司
CN103045215-A	固井（抗CO_2添加剂/水泥）	Aluminate cement- based carbon dioxide corrosion resistant cement system used for well cementing comprises aluminate cement, water, sodium salt, well cement defoamer, and retarder	一种固井用铝酸盐水泥基耐CO_2腐蚀水泥体系	0	C09K-008/467	中国	2013-1-28	中国石油大学（华东）

续表

专利号	技术领域	英文标题	中文标题	被引次数	国际专利分类	优先权国	公开时间	专利权人
CN103074044-A	固井（抗CO_2添加剂/水泥）	Cement additive used for preventing hydrogen sulfide/carbon dioxide co-corrosion in oil well, comprises preset amount of fly ash, slag, sodium methylsiliconate, organic material asphalt, micro silica powder and ultrafine alumina	一种防止H_2S/CO_2共同腐蚀的油井水泥外加剂及其制法和应用	0	C09K-008/467；C09K-008/48；C09K-008/493	中国	2011-10-25	中国石油化工股份有限公司，中国石油化工股份有限公司石油工程技术研究院
RU2153059-C2	固井（抗CO_2添加剂/水泥）	Expandable oil-well cement, comprises white cement, mineral white, and calcium sulfoaluminate	可膨胀的油井水泥，包括白水泥，矿物白，硫铝酸钙	2	E21B-033/138	俄罗斯	1997-6-30	NATURAL GASES & GAS TECHN RES INST（NATU-Soviet Institute）

续表

专利号	技术领域	英文标题	中文标题	被引次数	国际专利分类	优先权国	公开时间	专利权人
WO2006114623-A2；GB2431639-A；AU2006238942-A1；EP1879837-A2；NO200705321-A；CN101203465-A；CA2604220-A1；MX2007013262-A1；US2009277635-A1；GB2431639-B；BR200609877-A2；WO2006114623-A3；US8210261-B2；MX301110-B；AU2012203031-A1	固井（抗 CO_2 添加剂/水泥）	Construction or treatment of subsurface fluid extraction or introduction wells, comprises introducing settable cement composition containing pulverulent aplite down a borehole	地下流体导出或引入井的建设或处理，包括引入可设置的含有粉状细晶岩的水泥组合物到井眼	5	C04B-014/02；C04B-014/04；C04B-018/04；C04B-018/14；C04B-028/00；C04B-028/02；C09K-008/50；C09K-008/504；C04B-014/38；C04B-028/04；C09K-008/42；C09K-008/467；C04B-014/00；C04B-007/00；C04B-007/02；C04B-007/14；E21B-033/13；E21B-033/14；C04B-028/08	英国	2005-4-26	STATOIL ASA（DENO-C）；COCKBAIN J（COCK-Individual）；STATOIL ASA（DENO-C）；STATOILHYDRO ASA（DENO-C）；STATOILHYDRO ASA（DENO-C）；STATOILHYDRO ASA（DENO-C）

续表

专利号	技术领域	英文标题	中文标题	被引次数	国际专利分类	优先权国	公开时间	专利权人
US2012024538-A1	防井喷采油树	Method for replacing wellhead blowout preventer on wellhead with Christmas tree, involves removing wellhead blowout preventer using coiled tubing lifting unit, and positioning Christmas tree on wellhead using coiled tubing lifting unit	替换采油树井口防井喷装置的方法，涉及使用连续油管起重装置放置和移除防井喷装置	3	E21B-019/00; E21B-033/06	美国	2011-7-11	THRU TUBING SOLUTIONS INC
CN202970591-U	防井喷采油树	Oil extraction well port device, has oil tube head main body connected with sleeve head main body that is provided with sleeve hanger, and hanging device connected with oil layer sleeve that is provided with surface layer sleeve	防喷井口采油装置	0	E21B-033/03	中国	2012-12-19	山东省东营市垦利县郝家胜利油田稠油末站

续表

专利号	技术领域	英文标题	中文标题	被引次数	国际专利分类	优先权国	公开时间	专利权人
CN102839939-A	封隔器/封堵/封隔技术(CO_2)	Packer for resisting supercritical carbon dioxide, has separating and lower rings provided with limiting bolt, and connecting channel connected with gas injection pipe, where vent hole is equipped with another connecting channel	一种耐超临界CO_2的封隔器	0	E21B-033/126	中国	2012-8-1	中国科学院武汉岩土力学研究所
US2009178797-A1	封隔器/封堵/封隔技术(CO_2)	Fluid monitoring system i. e. Hardwired/Nested Straddle Packer System, for subsurface well in subterranean formation, has gas- in line selectively delivering gas to pressure canister to pressurize canister, to remove canister from well	流体监控系统，如电路/嵌套平铺封隔器系统，用于地层地下井，具有天然气管线选择性地运输天然气到压力罐、密封罐、删除罐	0	E21B-049/00; E21B-049/08	美国	2008-1-11	BESST INC（BESS-Non-standard）

续表

专利号	技术领域	英文标题	中文标题	被引次数	国际专利分类	优先权国	公开时间	专利权人
KR854126-B1	合成孔径雷达	Location and traveling direction identification system for e. g. navy police line, has synthetic aperture radar installed at artificial satellite apparatus, and antenna device reflecting radar signal radiated from synthetic aperture radar	位置和行进方向的识别系统，例如海军警戒线，具有安装在人造卫星设备的合成孔径雷达，以及反射合成孔径雷达信号的天线装置	0	G01S-005/14	韩国	2007-5-28	KOREA OCEAN RES&DEV INST (KOOC-C)
US2013106650-A1	合成孔径雷达	Optical synthetic aperture radar apparatus for use in e. g. airplane to generate images of ground targets, has transmitter generating optical amplitude modulated signal and transmitting signal in beam at target	使用光学合成孔径雷达设备，例如飞机上，用于产生的地面目标图像，具有发射器产生光振幅调制信号和目标光束传输信号	0	G01S-013/90；G21G-004/00	美国	2011-10-28	LOCKHEED MARTIN CORP (LOCK-C)

续表

专利号	技术领域	英文标题	中文标题	被引次数	国际专利分类	优先权国	公开时间	专利权人
CN103471777-A	气体成分检测	Carbon dioxide sensor based gas leakage detecting method, involves installing carbon dioxide gas sensor in upper and lower end face openings of detection container, and performing vacuum processing on container by using vacuum generator	一种基于 CO_2 传感器的气体泄漏检测方法	0	G01M-003/04	中国	2013-8-29	中国计量学院
CN202748915-U	气体成分检测	Multi-functional carbon dioxide gas concentration or dust detecting and alarming device, has display module connected with micro- processor control module for detecting carbon dioxide gas concentration or dust	多功能 CO_2 气体检测报警装置	0	G08B-021/12	中国	2012-9-7	河南汉威电子股份有限公司

续表

专利号	技术领域	英文标题	中文标题	被引次数	国际专利分类	优先权国	公开时间	专利权人
DE102008005572-A1;DE102008005572-B4	气体成分检测	Method for detection of gas concentrations, involves designing filter elements according to spectral filtering such that one filter element filters radiation of radiation source in spectral region	检测气体浓度的方法,包括根据光谱滤波设计滤芯,例如过滤器辐射源的辐射光谱区域	0	G01J-003/42;G01N-021/31;G01N-021/35	德国	2008-1-22	SMARTGAS MIKROSENSORIK GMBH (SMAR-Non-standard)
DE102010034428-B3;WO2012022663-A1;JP2013537634-W;US2013284928-A1	气体成分检测	Device for selective detection of e. g. carbon dioxide or its concentration in gas to be examined, has detector element decoupling energy that is generated in heated state under reaction of gas in resonator	选择性检测如CO_2或检验其气体浓度的装置,具有探测器元素解耦在加热条件下谐振器中气体反应产生的能量	0	G01N-021/31;G01J-003/10;G01N-021/35;G02B-006/122;G01N-033/00	德国	2010-8-16	SIEMENS AG (SIEI-C); SIEMENS AG (SIEI-C);FREY A (FREY-Individual); HEDLER H (HEDL-Individual); HOWELL P C (HOWE-Individual)

续表

专利号	技术领域	英文标题	中文标题	被引次数	国际专利分类	优先权国	公开时间	专利权人
WO2006063094-A1; US2006142955-A1; US7697141-B2; US2010245096-A1; US2010265509-A1; US8237920-B2; US8525995-B2; US2013314709-A1	气体成分检测	Determination of at least one property of crude petroleum in e. g. pipeline, by performing regression calculation on interacted light with optical calculation device responsive to interacted light incident, to produce output light signal(s)	确定原油如管道中的至少一项属性，通过回归计算交互光和光学计算设备对交互光的反应，产生输出光信号	28	E21B-049/08; G01N-021/35; G01N-021/55; G01N-033/28; G06F-019/00; G01V-008/00; G08B-021/00; G01N-021/00; G01N-021/27	美国	2004-12-9	CALEB BRETT USA INC (CALE-Non-standard); JONES C M (JONE-Individual); ELROD L W (ELRO-Individual); HALLIBURTON ENERGY SERVICES INC (HALL-C); HALLIBURTON ENERGY SERVICES INC (HALL-C)
CN103174414-A	深部流体取样监测	Deep well primary fluid sampling device, has water channel provided with downward and upward opening parts, air supply channel connected with air source through air supply pipe, and ground unit provided with air conditioner	一种深井井内原位流体取样装置	0	E21B-049/08	中国	2013-3-26	中国地质调查局水文地质环境地质调查中心

续表

专利号	技术领域	英文标题	中文标题	被引次数	国际专利分类	优先权国	公开时间	专利权人
CN203145935-U	深部流体取样监测	Deep well primary fluid sampling device, has water inlet channel provided with lower one-way valve and upward opening, and water outlet passage provided with upper one-way valve, which is connected to sampling container	深井井内原位流体取样装置	0	E21B-049/08	中国	2013-3-26	中国地质调查局水文地质环境地质调查中心
US2013192357-A1	深部流体取样监测	Method for performing job monitoring for e. g. coring tool, in bottom hole assembly, involves receiving data frames from tools, where each frame contains fluid analysis parameters and is constructed in accordance with frame type	取心工具、底部钻具组合等的监测方法，涉及从工具接收数据框架，其中每个框架包括流体的分析参数，并根据框架类型构成	0	E21B-049/08	美国	2008-6-23	RAMSHAW S（RAMS-Individual）；POP J J（POPJ-Individual）；SWINBURNE P（SWIN-Individual）；HSU K（HSUK-Individual）；VILLAREAL S（VILL-Individual）

续表

专利号	技术领域	英文标题	中文标题	被引次数	国际专利分类	优先权国	公开时间	专利权人
WO2011049571-A1; CA2765477- A1; AU2009354176-A1; EP2491227- A1; US2012222852-A1; CN102597422- A; AU2009354176-B2	深部流体取样监测	Downhole apparatus for formation fluid sampling control has processor adjusting volumetric pumping rate of pump to maintain pumping rate at maintained rate	层流体采样控制的井下设备,具有处理器调整容积泵抽水率维持稳定的泵送率	0	E21B-049/10; E21B-043/12; F04B-023/00; F04B-049/00	澳大利亚	2009-10-22	HALLIBURTON ENERGY SERVICES INC (HALL-C); HALLIBURTON ENERGY SERVICES INC (HALL-C); HALLIBURTON ENERGY SERVICES INC (HALL-C); HALLIBURTON ENERGY SERVICES INC (HALL-C)
CN203296821-U	微震监测	Multivariate mine disaster microseismic monitoring system has central measuring and controlling unit connected with parameter database and pre-alarm module, and data collecting unit connected with data processing unit	一种矿山灾害多因素微震监测系统	0	E21F-017/18; G01D-021/02	中国	2013-6-21	北京微赛思技术有限公司

续表

专利号	技术领域	英文标题	中文标题	被引次数	国际专利分类	优先权国	公开时间	专利权人
WO2012139082-A1	微震监测	Method for processing synchronous array seismic data for locating fracture events during e. g. oil well completion operation, involves applying reverse-time data propagation process to array measurements, to obtain data domain image	处理同步阵列地震数据的方法，用于完井操作中定位断裂事件，包括应用逆时数据传输过程中对阵列的测量，以获得数据域图像	0	G01V-001/00	美国	2011-4-6	SPECTRASEIS AG (SPEC- Non-standard)
CN202842005-U	CO_2泄漏评价	Cultivating box for simulating geological leakage sealing, has ventilation separating plate fixed on main body, air separating plate provided with air outlet holes, and box body whose lower layer is divided into upper layer of gas chamber	一种模拟地质封存CO_2泄漏的栽培箱	0	A01G-007/02; A01G-009/20	中国	2012-9-26	中国农业科学院农业环境与可持续发展研究所

续表

专利号	技术领域	英文标题	中文标题	被引次数	国际专利分类	优先权国	公开时间	专利权人
FR2983299-A1	CO_2 泄漏评价	Method for identification of origin of carbon-dioxide flow measured on surface of ground, involves identifying deep origin of flow of carbon-dioxide when volume of carbon-dioxide becomes independent of nitrogen/oxygen ratio	识别地表测量到的 CO_2 流来源的方法，涉及识别 CO_2 体积成独立氮/氧比例时的 CO_2 流的深源	0	E21B-047/10；G01N-033/24	法国	2011-11-24	IFP ENERGIES NOUVELLES (INSF-C)
US2009025455-A1	CO_2 泄漏评价	Leak characterization apparatus for leak-testing of vessels employed for storage and dispensing of e.g. fluids has gas monitoring device that scans for multiple gases that are emitted by closed valve of fluid storage container	泄漏表征装置，用于存储和分配流体容器泄漏检测，具有气体监测装置可以扫描从流体存储容器封闭阀泄露的多个气体	0	G01M-003/04	美国	2008-10-3	MATHESON TRI GAS INC (MATH-Non-standard)

续表

专利号	技术领域	英文标题	中文标题	被引次数	国际专利分类	优先权国	公开时间	专利权人
JP2010092290-A; JP5060448-B2	环境影响评价	Environmental impact evaluation system for determining reduction measure of emission of e. g. carbon-dioxide, calculates importance of fluctuation amount of greenhouse gases discharge amount with respect to fluctuation factor	环境影响评价系统，用于确定减少如CO_2排放的措施，计算温室气体排放量相对影响因素的波动量的重要性	0	G06Q-010/00; G06Q-050/00; G06Q-010/06	日本	2008-10-8	TOSHIBA KK (TOKE-C)
JP2011203832-A; JP5377381-B2	环境影响评价	Environmental impact evaluation system for evaluating influence on environment by discharge of greenhouse gases, computes environmental cost of calculation area based on environmental cost corresponding to selected reference area	环境影响评价系统，用于评价温室气体排放对环境的影响，基于对应选定的参考区域估算计算区域的环境成本	0	G06Q-010/00; G06Q-050/00; G06Q-010/04	日本	2010-3-24	TOSHIBA KK (TOKE-C); TOSHIBA KK (TOKE-C)
JP2012226588-A	环境影响评价	Method for evaluating environmental impact, involves calculating environmental impact amount for every factor based on monitoring data of computer, where factors are ranked based on environmental impact amount	评估环境影响的方法，涉及估算基于计算机监测数据每个因素的环境影响量，这些因素基于环境影响量排序	0	G06Q-050/26	日本	2011-4-20	FUJITSU LTD (FUIT-C)

续表

专利号	技术领域	英文标题	中文标题	被引次数	国际专利分类	优先权国	公开时间	专利权人
US2009025930-A1; WO2009018173-A2; WO2009018173-A3; AU2008282452-A1; EP2179124-A2; CA2694482-A1; US8016033-B2; EP2179124-B1; EP2415960-A2; AU2008282452-B2; EP2532828-A2; EP2532829-A2; EP2532829-A3; CA2809156-A1; CA2809159-A1; CA2694482-C; EP2415960-A3; EP2532828-A3; AU2012203290-A1	钻井修复工艺	Drilling method for wellbore used in recovery of hydrocarbon from earth, involves continuous injecting of drilling fluid into tubular string between drilling and adding of joint or stand to drill string	用于提高地层烃采收率的钻探方法，涉及钻井液连续注入管状线	19	E21B-033/00; E21B-034/00; E21B-007/00; E21B-019/00; E21B-019/16; E21B-021/00; E21B-021/10; E21B-021/12	美国	2007-7-27	IBLINGS D (IBLI-Individual); BAILEY T F (BAIL-Individual); BANSAL R K (BANS-Individual); STEINER A (STEI-Individual); LYNCH M (LYNC-Individual); HARRALL S J (HARR-Individual); WEATHERFORD/LAMB INC (WRFD-C); WEATHERFORD/LAMB INC (WRFD-C); WEATHERFORD/LAMB INC (WRFD-C); WEATHERFORD/LAMB INC (WRFD-C); WEATHERFORD/LAMB INC (WRFD-C); WEATHERFORD/LAMB INC (WRFD-C); WEATHERFORD/LAMB INC (WRFD-C)

续表

专利号	技术领域	英文标题	中文标题	被引次数	国际专利分类	优先权国	公开时间	专利权人
WO2012037452-A2; US2012133368-A1; WO2012037452-A3; CA2811631-A1; EP2616637-A2; CN103221636-A	钻井修复工艺	Method for steering drilling assembly within e. g. petroleum-bearing reservoir, involves steering drilling assembly within reservoir using measured magnetic field, and determining location in reservoir at which measured field is zero	石油储层等钻井装置的操纵方法，涉及使用测量磁场操纵钻井装置，确定储层中测量领域为零的位置	0	E21B-047/022; E21B-007/04; G01V-003/26; G01V-003/165; E21B-047/095	美国	2010-9-17	BAKER HUGHES INC (BAKO-C); BAKER HUGHES INC (BAKO-C); BAKER HUGHES INC (BAKO-C); BAKER HUGHES CORP (BAKO-C)

5.5 本章小结

CO_2地质利用和封存阶段是 CCUS 终端技术链，是实现CO_2永久性埋存、有效减少CO_2排放量的、具有可操作性方法。本章建立了CO_2地质利用与封存技术的关键技术清单，并检索全球专利信息，了解并掌握关键技术的全球专利现状、分布（国家、时间、专利权人、机构等）、技术重点、核心专利等。本章具体结论如下：

（1）本章构建了CO_2地质利用与封存关键技术清单，并对专利进行了检索、统计和遴选。本章确定了横向“可选择性+操作流程”、纵向“技术流程”的二维尺度的关键技术遴选原则。根据研究方法、研究目标、研究的技术分类，结合专家咨询、文献调研和层次分析法等，建立了CO_2地质利用与封存关键技术清单，并对CO_2地质利用与封存关键技术开展全球专利检索。开展总计 71 项关键技术全球专利检索，合计检索专利数量为 16 612 项。其中，有 15 项关键技术的专利检索数量不超过 10 项，有的技术专利检索的结果甚至为零，具体包括废弃钻井勘察技术、地层流体成分分析、CO_2温度调节技术、CO_2循环技术、套管技术、微重力测量、远红外激光气体分析技术、便携式红外激光分析技术、植被检测、深部地下水与气体检测技术、CO_2泄露评价、地层泄露补救工艺等。

（2）在确定关键技术的基础上，本章遴选出关键核心技术，并开展相关专利分析。根据关键核心技术在国内外不同的发展水平、差距及专利数量的差异，本章选出大流量高效注气泵（CO_2）、封隔器/封堵/封隔技术（CO_2）、微震监测、合成孔径雷达、气体成分检测、3D 地震、环境影响评价、气体多层流量控制技术、力学稳定性、地质建模等 10 项中国可能需要引进的技术，并开展国内外专利的分析。

（3）在遴选 CCUS 地质利用与封存关键技术的基础上，本章根据技术领域国内外情况、专家咨询、被引次数等，确定其核心专利，并按照专利的技术领域、被引次数、英文标题、中文标题、国际专利分类、优先权国、公开时间、专利权人等详细信息，对这些专利进行了解读。

第6章

CO_2捕集关键技术专利分析——MEA

在CCUS技术中，CO_2捕集成本较高是技术开展和推广的关键制约因素之一（Van Bergen et al.，2004），其成本占碳捕集和封存总成本的82%～91%（Metz and Bert，2005）。因此，有必要研究高效低成本的CO_2捕集方法。CO_2捕集的关键技术是CO_2的分离，目前专家学者已经提出了化学吸收法、物理吸收法、吸附法、膜分离法、低温分离法等分离方法（Aaron et al.，2005；Du et al.，2011；费维扬等，2005）。其中，化学吸收法具有吸收速度快、净化度高、技术成熟等特点，且能耗高、腐蚀性大等缺点在经过不断地技术改进后明显得到改善，最具实用性和发展潜力。

目前，研究最集中的化学吸收剂包括烷基醇胺（单乙醇胺（MEA）、二乙醇胺（DEA）等）、哌嗪-碳酸钾溶液（PZ-K_2CO_3）、离子液和氨水等。在这些吸收剂中，单乙醇胺（MEA）能适用于现存绝大多数火电厂，能以较快速率去除大容量酸性气体（Supap et al.，2009），国内外相关研究较多（Alie and Colin，2004；Abu-Zahra et al.，2007；Harun，2011），成熟度较高，距离商业化最近，是化学吸收法中最具潜力的研究方向之一。现有的商业化CO_2吸收溶剂几乎都是基于MEA法开发的，如Kerr-McGee /ABB Lummus、Fluor Daniel的Econamine Mariz（Jose'D. Figueroa et al.，2008）、三菱重工的KS系列溶剂等。

中国工业CO_2吸收剂已达到“一定条件下经济可行”的水平，如南京化工集团基于MEA法开发的吸收剂也已先后在华能北京热电厂、华能上海石洞口发电厂、胜利油田胜利电厂等示范工程中使用。但是，相关核心技术与经济高效大规模CO_2捕集要求还存在较大的差距，将严重制约我国在CO_2捕集技术领域的发展和CCUS示范项目的开展。因此，本章将聚焦MEA相关技术，通过对全球MEA专利公开信息进行分析，揭示全球MEA专利技术的现状、发展趋势，为中国在这重要技术领域中的研发和产业化提供有力的知识产权情报支撑。

6.1 数据来源和分析方法

本节主要分析全球的 MEA 相关专利，选择 DII 专利数据库作为检索数据库。在相关文献调研和专家咨询的基础上，通过综合考虑技术领域关键词和有关分类号（IPC），设定检索策略。通过检索，共检索到 MEA 技术相关专利（族）394 项，数据检索时间为 2014 年 3 月 20 日。利用 Thomson Data Analyzer 分析工具和 Aureka 分析平台对专利文献进行数据挖掘分析。

6.2 MEA 专利全球发展态势分析

图 6-1 为 MEA 技术相关专利数量的年度变化趋势①。可以看出，MEA 技术相关专利的申请在 20 世纪 70 年代中期就已经出现，但在较长时间里发展缓慢，长期处于低水平震荡和徘徊，年度专利申请数量基本都不足 10 项。这一状况直到 2004 年出现转折，全球 MEA 技术专利申请数量开始急剧增长，表明相关专利技术进入快速发展轨道。

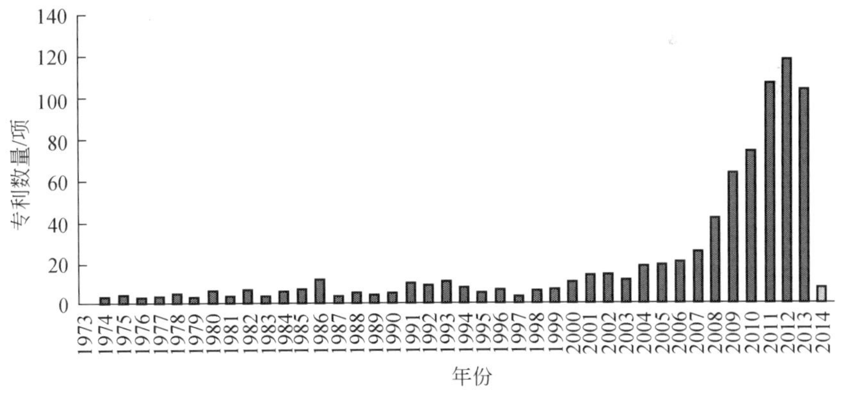

图 6-1 MEA 技术专利申请数量的年度变化趋势图

① 由于专利从申请到公开到数据库收录，会有一定时间的延迟，图中近两年，特别是 2014 年的数据会大幅小于实际数据，仅供参考。

图6-2分别给出了MEA专利技术发明人及其相关技术条目（基于IPC小组①）的年度变化。从图中可以看出，近年来大量的发明人持续涌入MEA技术领域，同时每年都有大量的新技术条目涌现，说明该领域的技术创新水平不断提高。

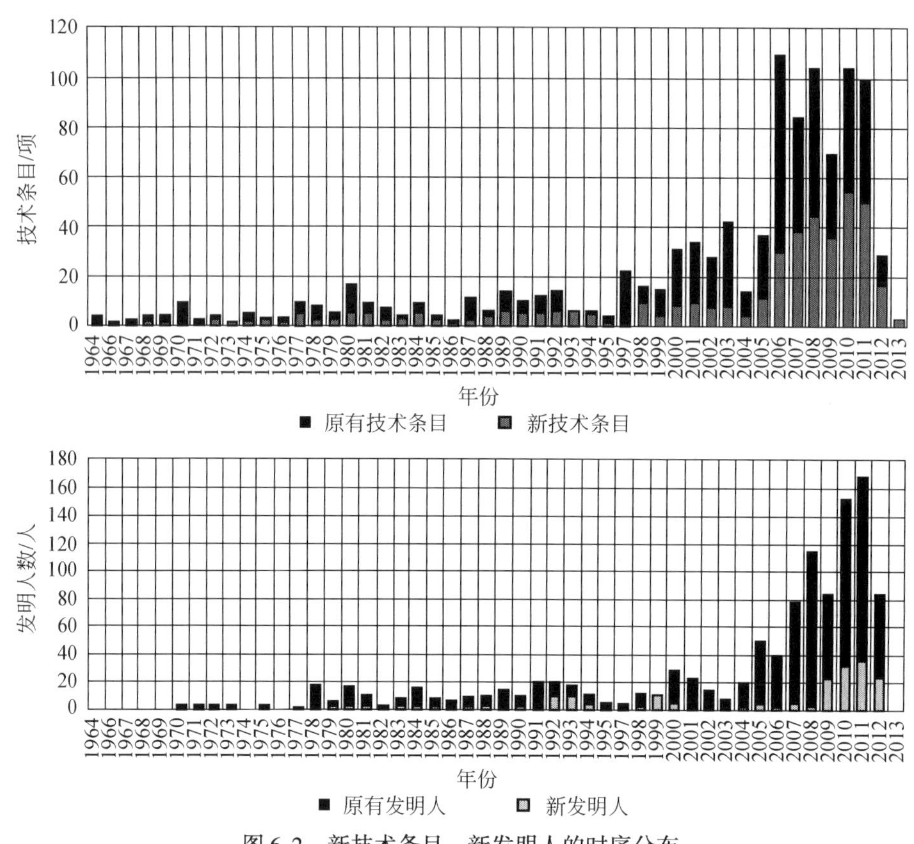

图6-2　新技术条目、新发明人的时序分布

6.3　MEA专利技术分布领域及热点

表6-1列出了CCUS技术专利申请量大于10的前18个专利技术领域及其申请情况。可以看出，CCUS技术专利技术主要集中在通过吸收作用分离、碳氧化

① 国际专利分类号体系的等级结构为：部（1位，字母）大类（2位，数字）小类（1位，字母）-大组（3位，数字）/小组（2-3位，数字），例如A01B-063/10、A01B-063/111等。

物的分离以及 CO_2 上，可以分为以下几个方向：①CO_2 分离方式，例如通过吸收作用分离，利用气液接触分离等，主要分类号包括 B01D-053/14、B01D-053/78 等；②混合气体中 CO_2 分离，例如从碳氧化物、废气、酸性组分气体、含有硫化氢混合气、天然气中分离 CO_2，涉及的分类号包括 B01D-053/62、B01D-053/34、B01D-053/40、B01D-053/52、C10L-003/10 等；③分离中涉及的物质，例如 CO_2、哌嗪等，涉及的分类号包括 C01B-031/20、B01J-020/22 等；④分离装置，例如吸收装置等，包括 B01D-053/18 等。

表 6-1　IPC 分类小组的前 10 个专利技术领域及其申请情况

IPC 分类小组	申请量/项	技术领域	涉及年份	近 3 年申请量占总量百分比
B01D-053/14	275	通过吸收作用分离	1970～2012	17% of 275
B01D-053/62	159	碳氧化物的分离	1978～2013	26% of 159
C01B-031/20	70	CO_2	1977～2012	24% of 70
B01D-053/34	48	废气中 CO_2 的分离	1968～2011	2% of 48
B01D-053/40	42	酸性组分气体中 CO_2 的分析	1989～2011	5% of 42
B01D-053/18	33	吸收装置	1980～2012	36% of 33
B01D-053/52	31	含有 H_2S 混合气中 CO_2 的分离	1994～2012	23% of 31
C10L-003/10	31	天然气加工	1994～2012	29% of 31
B01D-053/78	30	利用气液接触分离	1989～2013	43% of 30
B01J-020/22	29	组合物中包含哌嗪等有机物	2004～2011	24% of 29

图 6-3 列出了 MEA 技术专利申请量大于 20 的前 10 个专利技术领域及其申请

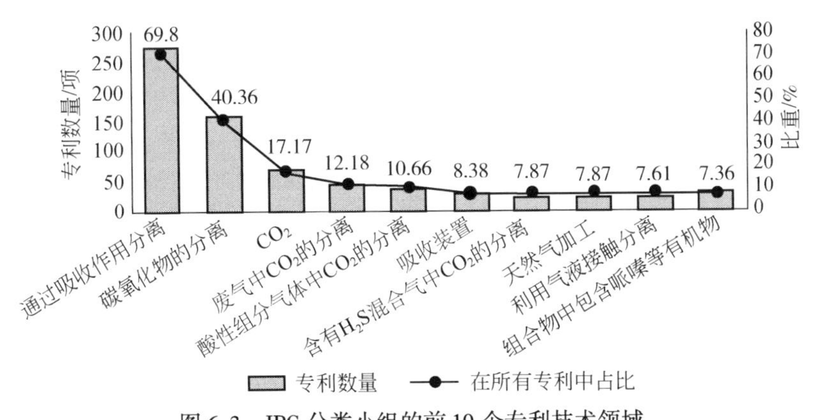

图 6-3　IPC 分类小组的前 10 个专利技术领域

情况。图中表示，MEA 技术专利技术主要集中在通过吸收作用分离（69.8%①）、碳氧化物的分离（40.36%）以及 CO_2（17.77%）上。

MEA 专利的热点技术领域包括：①溶剂中的物质，例如硼酸盐、乙醇胺、异丙醇、氨基乙磺酸等；②混合气体中 CO_2 分离，例如含 SO_2、电厂烟气的分离；③降解产物，例如芳烷基、环烷基等；④溶剂反应速率；⑤富液冷却浓度；⑥废弃富液回收等。

6.4 主要国家专利情况分析

6.4.1 主要国家 MEA 专利发展概况

图 6-4 给出了 MEA 相关专利受理数量不少于 30 项的前 9 位国家/地区（基于同族专利国）的排名情况。可以看出，MEA 相关专利受理数量最多的国家/地区依次是：美国、中国、日本、加拿大、澳大利亚、俄罗斯、德国、法国、韩国等。而从优先权专利的数量大致可以看出，这些国家地区也是 MEA 相关专利的主要申请国家。特别是美国，其专利受理数量超过 150 项，优先权专利数量超过 120 项，占到全球总量的 20% 以上，大幅领先于其他国家/地区。

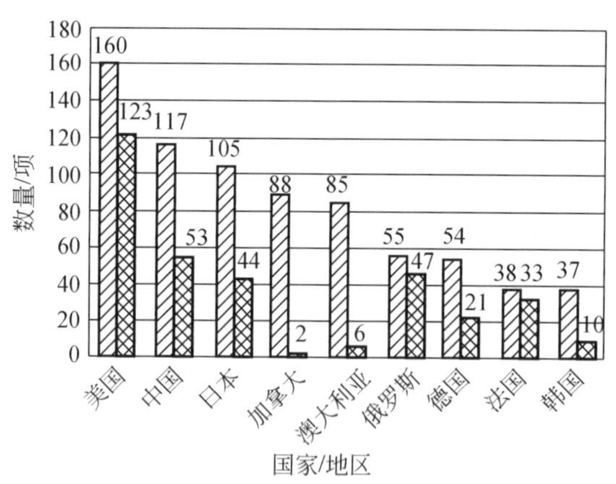

图 6-4　MEA 专利受理量居前 9 位的国家/地区

① 相关技术领域（基于 IPC 小组）专利数量在专利总量中的占比。

图 6-5 给出了 MEA 相关专利受理数量不少于 30 的前 9 位国家/地区的专利数量呈增长态势。美国 MEA 相关专利受理起步很早，年度变化趋势与全球总体趋势基本一致，而且近年来其年度受理量一直位居全球第一。日本的 MEA 相关专利受理起步也较早，但近年来专利数量上升较慢。近五年，加拿大、澳大利亚、法国、韩国的等国家/地区 2005 年后的专利数量也都增长较快。

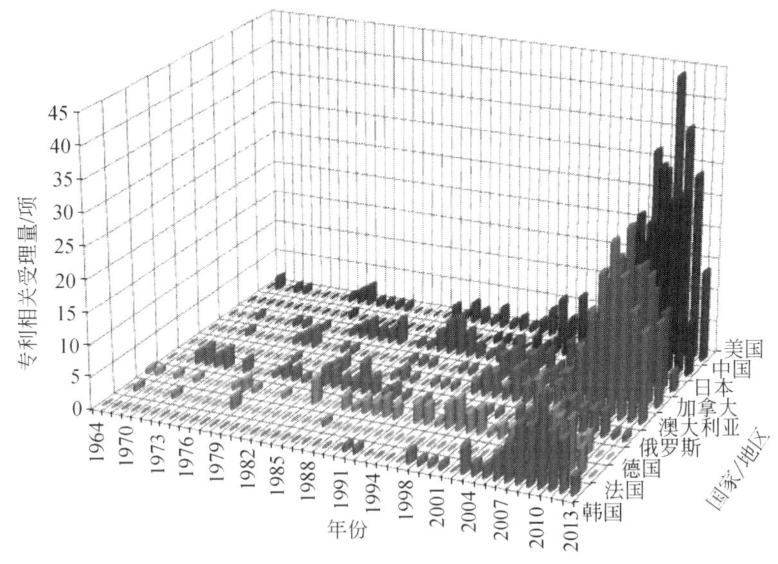

图 6-5　MEA 专利受理量居前 9 位的国家/地区受理量年度分布

6.4.2　主要国家 MEA 专利技术分布及侧重分析

图 6-6 给出了 MEA 优先权专利多于 10 项的前 7 个主要国家/地区（美国，中国、俄罗斯、日本、法国、德国、韩国、基于优先权国）在 MEA 领域的技术布局情况（基于 IPC 大组）。可以看出，主要国家/地区技术构成相似度较高，专利大部分都分布在 B01D-053、C01B-031、B01J-020 等领域。

具体来看，美国共有 123 项优先权专利，主要集中在 B01D-053、C01B-031、B01J-020、C10L-003 等领域，在这些领域具有较多的专利申请。中国共有 53 项优先权专利，主要集中在 B01D-053、C01B-031 等领域。日本共有 44 项优先权专利，同中国类似，主要集中在 B01D-053、C01B-031 等领域。法国共有 33 项优先权专利，主要集中在 B01D-053、C01B-031、B01J-020、C10L-003 等领域。

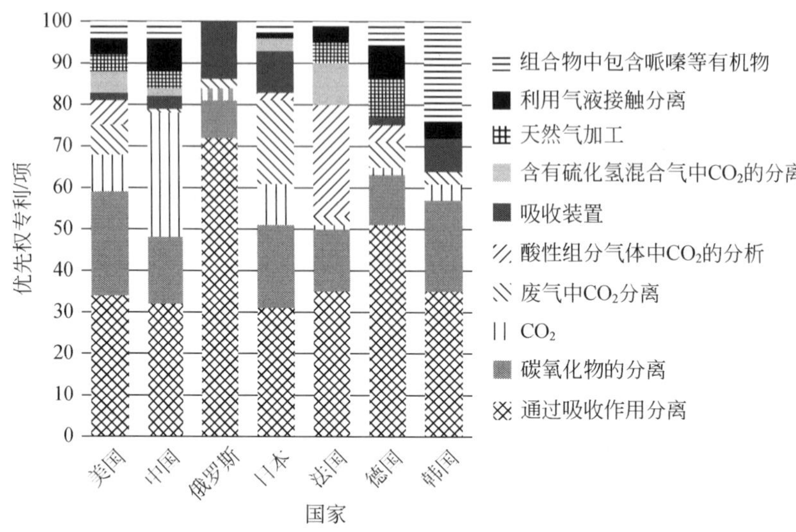

图 6-6 MEA 领域主要国家/地区技术布局

6.4.3 主要国家 MEA 优先权专利及近年变化分析

表 6-2 表示专利数量较多的国家在 MEA 技术领域分布与变化情况。

表 6-2 MEA 领域主要国家专利技术分布情况

国家	优先权专利数量/项	近三年专利数所占比例/%	TOP 专利技术	变化快的专利技术
美国	123	15	通过吸收作用分离［78］； 碳氧化物的分离［59］； 应用材料［18］	应用材料↑； 硫氧化物分离↑； 分离↑
中国	53	53	通过吸收作用分离［32］； CO_2［28］； 碳氧化物的分离［15］	CO_2↑； 碳及其化合物↑； 酸性组分气体中 CO_2 的分离↓
俄罗斯	47	4	通过吸收作用分离［27］； 吸收装置［5］	碳氧化物的分离↓； CO_2↓
日本	44	14	通过吸收作用分离［27］； 碳氧化物的分离［19］； 废气中 CO_2 的分离［18］	废气中 CO_2 的分离↑； 氨的分离↑

续表

国家	优先权专利数量/项	近三年专利数所占比例/%	TOP 专利技术	变化快的专利技术
法国	33	24	通过吸收作用分离［32］； 酸性组分气体中 CO_2 的分离［24］； 碳氧化物的分离［14］	通过吸收作用分离↑； 酸性组分气体中 CO_2 的分离↑； 抗氧剂组合物↑
德国	21	10	通过吸收作用分离［18］； 含 CO 气体中 CO_2 的分离［7］； 天然气加工［6］	通过吸收作用分离↑； 含 CO 气体中 CO_2 的分离↑； 含 CO 可燃气体的提纯↑
韩国	10	40	通过吸收作用分离［9］； 组合物中包含有机材料 6］； 碳氧化物的分离［6］	组合物中包含哌嗪等有机材料↑； 有机材料↑； 合成沸石分子筛↑

注：“［］”内的数字表示该专利技术下的专利数量，如“通过吸收作用分离［78］”表示通过吸收作用分离专利技术的专利数量为 78 项，下同。

“↑”表示该项专利技术有加强的趋势，“↓”表示该项专利技术有弱化的趋势。下同。

6.5 MEA 专利权人和发明人分析

6.5.1 MEA 主要专利权人及所占专利份额分析

图 6-7 给出了专利申请数量不少于 5 项的前 13 个专利申请人。其中，美国包括 4 家企业（埃克森美孚研究与工程公司、陶氏化学、通用电力、CO_2解决方案公司）和 1 所大学（得克萨斯大学）；法国包括 1 家企业（阿尔斯通公司）和 1 家科研机构（法国石油研究院）；日本包括 2 家企业（三菱重工业株式会社、关西电力公司）；荷兰包括 1 家企业（壳牌国际研究 MIJ 公司）；德国包括 1 家企业（巴斯夫集团）；中国包括 1 家大学（清华大学）和 1 家企业（中国石化）。

6.5.2 各国 MEA 专利权人覆盖技术领域及变化分析

表 6-3 表示专利数量较多的国家在 MEA 技术领域分布与变化情况。

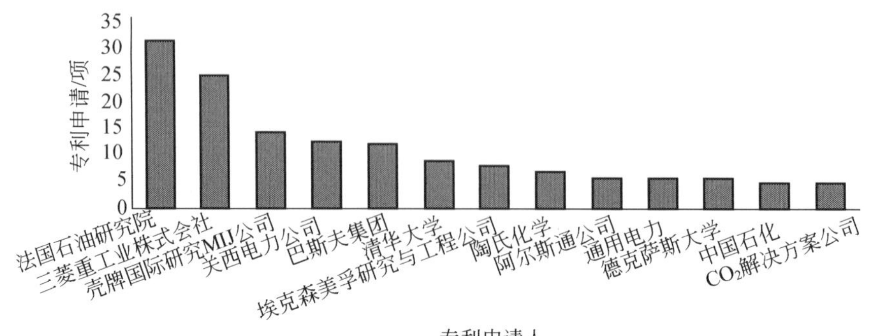

图 6-7　主要专利申请人专利数量

表 6-3　主要专利申请人专利技术分布情况

所在国家	专利申请人	专利数量	专利排名	占全部专利比例/%	TOP 技术领域	变化快的技术领域
德国	巴斯夫集团	12	5	3.05	通过吸收作用分离[11]； 碳氧化物的分离[7]； 天然气加工[5]	天然气加工↑； 含 CO 气体中 CO_2 的分离↑； 蒸汽蒸馏↑
法国	法国石油研究院	31	1	7.87	通过吸收作用分离[30]； 酸性组分气体中 CO_2 的分离[23]； 碳氧化物的分离[12]	通过吸收作用分离↑； 酸性组分气体中 CO_2 的分离↑； 抗氧剂组合物↑
	阿尔斯通公司	6	9	1.52	通过吸收作用分离[5]； 碳氧化物的分离[4]； 气液接触分离[3]	同时除去 SO_x 和 NO_x↑； 气液接触分离↑；
荷兰	壳牌公司	14	3	3.55	通过吸收作用分离[12]； 碳氧化物的分离[6]； 天然气加工[4]；	循环排出的流体加热另一个循环的流体 ↑； 天然气加工↑； 包含有用固体吸附剂处理液体的分离方法↑
美国	埃克森美孚研究与工程公司	8	7	2.03	通过吸收作用分离[8]； 碳氧化物的分离[5]	添加剂↑； 醚化的羟基的氧原子进一步连接在非环碳原子上↑；

续表

所在国家	专利申请人	专利数量	专利排名	占全部专利比例/%	TOP 技术领域	变化快的技术领域
美国	陶氏化学	7	8	1.78	通过吸收作用分离 [7]； 应用材料 [4]； CO_2 [3]	应用材料↑； 硫；其化合物 ↑； H_2S↑
	通用电力	6	10	1.52	碳氧化物的分离 [4]； 扩散法分离 [2]； 组合物中包含哌嗪等有机材料 [2]； 通过吸收作用分离 [2]	扩散法分离↑； 靠穿过隔板的扩散 ↑
	得克萨斯大学	6	11	1.52%	碳氧化物的分离 [4]； 通过吸收作用分离 [3]； 应用材料 [2]； 液体的脱气 [2]	液体的脱气↑； 含 3 个以上羧基的碳化合物 ↑； 具有 1 个或更多的 P-C 键的碳化合物↑
	CO_2 解决方案公司	5	13	1.27	碳氧化物的分离 [5]； 通过吸收作用分离 [5]； 气体或泡沫处理 [3]	气体或泡沫处理 ↑； 除去组分的后处理 ↑； 裂解酶 ↑
日本	关西电力公司	13	4	3.30	通过吸收作用分离 [12]； 酸性组分气体中 CO_2 的分离 [8]； 碳氧化物的分离 [7]	酸性组分气体中 CO_2 的分离 ↑； 适用于特殊用途的蒸汽机装置↑
	三菱重工业株式会社	25	2	6.35	通过吸收作用分离 [17]； 酸性组分气体中 CO_2 的分离 [14]； 碳氧化物的分离 [12]	酸性组分气体中 CO_2 的分离↑ 处理烟或废气装置的配置↑； 整个蒸汽机装置的总体布置或一般操作方法↑
中国	清华大学	9	6	2.28	CO_2 [8]； 通过吸收作用分离 [6]； 碳及其化合物 [5]	CO_2↑； 碳及其化合物↑； 利用移动反应剂↑
	中国石化	5	12	1.27	通过吸收作用分离 [4]； CO_2 [3]	用含水液体 ↑； CO_2↑； 用与液体接触法；所用液体的再生↑

6.5.3 MEA 主要专利申请机构间合作关系及强度分析

图6-8是主要机构申请人间的合作关系。主要机构合作体现在：①法国石油研究院和法国国家科学院、法国萨瓦大学之间；②日本三菱重工业株式会社和关西电力公司之间；③美国陶氏化学和英力士集团之间；④阿尔斯通公司和Altmerge有限责任公司之间；⑤中国石化和南京化工研究院之间。日本三菱重工业株式会社和关西电力公司合作最为密切，共有13项合作专利。三菱重工业株式会社除合作专利外，还单独拥有25项专利。

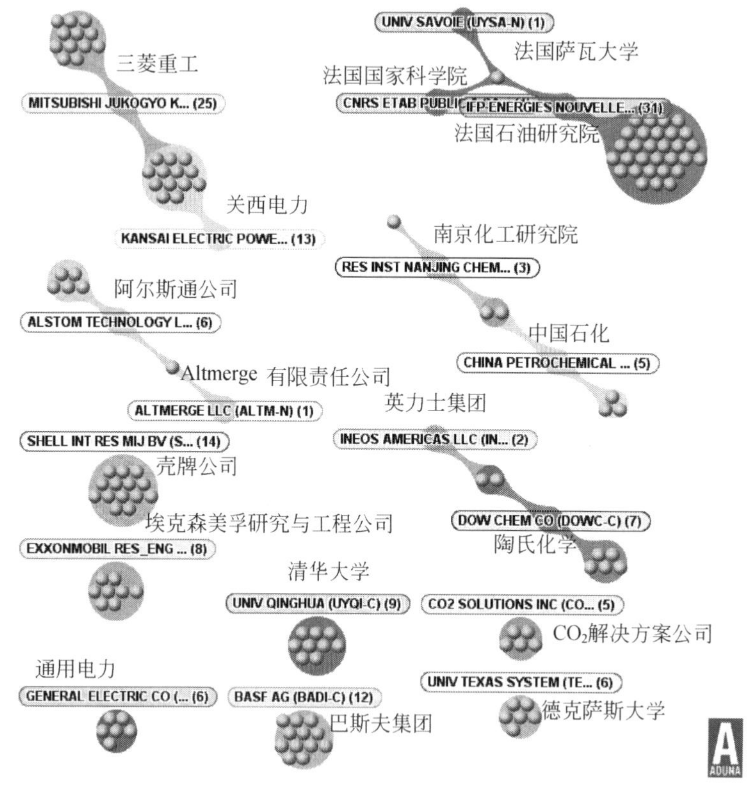

图6-8　主要机构申请人间的合作关系

6.5.4 MEA 专利权人知识产权保护区域分析

专利保护区域及范围是专利申请人/专利权人对其专利技术进行目标区域保

护及市场占有规划的重要反映，专利保护区域越广、保护范围越宽，专利技术潜在的市场占有范围也越大。表 6-4 给出了 MEA 主要专利申请人专利申请的保护区域分布情况。

首先，各主要机构表现出对 PCT 专利申请的普遍重视，除中国机构外的所有主要机构都申请了 PCT 专利，其中申请 PCT 专利最多的机构包括法国石油研究院、壳牌公司、巴斯夫集团等。

其次，各主要机构在专利技术保护区域规划方面，表现出以中国市场为主兼顾国际市场的布局特点。除中国机构外，主要机构专利保护区域都达到 5 个国家/地区以上，基本都涉及世界知识产权组织、美国、欧专局、日本，并大多在 CCUS 开展较为活跃的国家/地区申请专利。其中壳牌公司、巴斯夫集团、陶氏化学等国外机构十分重视专利技术保护，在区域保护方面都有很好的表现。而我国专利申请人专利保护区域范围普遍较窄，基本都没有对其 MEA 专利申请国外保护。

同时，各主要机构都在中国申请了专利，除清华大学（9 项）和中国石化（5 项）外，壳牌公司申请数量最多，达到 8 项。

表 6-4　主要机构申请人专利申请的保护区域

保护区域 / 专利申请人	国际知识产权组织（WO）	美国	欧专局	中国	日本	加拿大	澳大利亚	德国	法国	韩国	挪威
法国石油研究院	17	7	9	3	3	5	5		31	1	
三菱重工业株式会社	1	6	11	1	21	3	2	9		2	1
壳牌公司	11	11	10	8	6	9	10	4	1		2
关西电力公司	1	5	9	1	9	1		8		2	1
巴斯夫集团	7	7	8	1	7	6	5	7		1	4
清华大学				9							
埃克森美孚研究与工程公司	6	2	4	2	2	4	4				1
陶氏化学	6	4	5	3	5	3	6	2		3	3
阿尔斯通公司	6	5	2	2	2	3	3			2	
通用电力	4	6	2	2	1	1	2	2			
得克萨斯大学	5	2	2	1	1	2	2			1	
中国石化				5							
CO_2解决方案公司	5	4	4	2		3	3				

6.5.5　MEA 专利发明人之间的合作关系

图 6-9 是专利数量大于 2 的主要发明人之间的合作关系。如图所示，日本三

菱重工业株式会社和关西电力公司发明人数量较多，且合作紧密；其次，法国石油研究院发明人数量也较多，并与法国国家科学院和法国萨瓦大学开展合作研究。埃克森美孚公司的发明人数量次于上述两家公司，但公司内部开展的合作也较为密切。

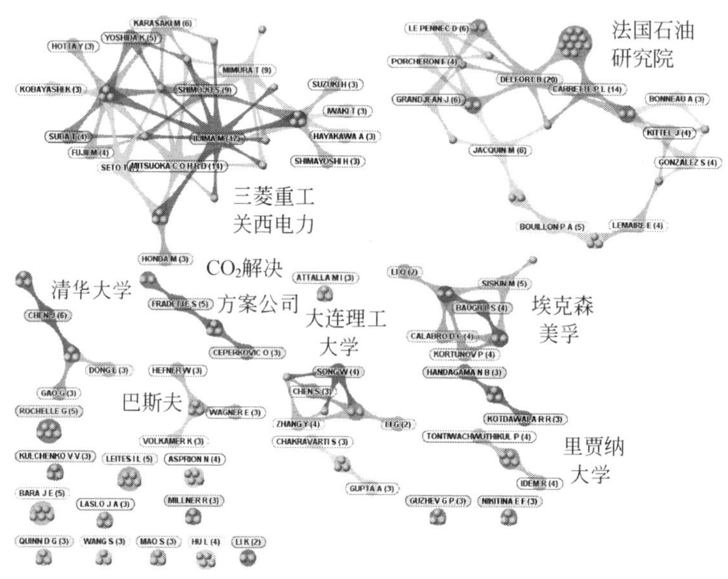

图 6-9　专利数量大于 2 的发明人间的合作关系

6.5.6　MEA 专利重要发明人研究领域分析

表 6-5 是专利数量较多的主要发明人的情况。国外方面，来自法国石油研究院的 Delfort Bruno 拥有专利数量最多，达到 20 项，其重点研究领域为燃烧后 CO_2 捕集中胺的稳定性，其主要合作者包括法国石油研究院的 Carrette、Le Pennec、Grandjean 等。来自三菱重工业株式会社的 Iijima M 拥有专利 17 项，重点研究领域为电厂 CO_2 化学吸收法中的节能技术，主要合作者包括来自三菱重工的 Mitsuoka cohrd 以及来自关西电力的 Shimojo、Mimura。来自埃克森美孚 Siskin 拥有 5 项专利，重点研究领域为气流中分离 CO_2 和硫化氢，其主要合作者包括 Baugh、Kortunov、Calabro 等。

国内，清华大学的陈健教授专利数量达到 6 项，重点研究领域为 CO_2 捕集的吸收过程模拟和吸收速率测定。大连理工大学的张永春教授拥有专利 4 项，重点研究领域为混合胺的 CO_2 吸收性能。

表 6-5 主要合作发明人群体情况

群体核心发明人	群体主要发明人	机构	重要专利	代表论文	重点研究领域
Delfort Bruno[20]	Carrette P L、Le Pennec D、Grandjean J 等	法国石油研究院	WO2013079816-A1 WO2011141642-A1 WO2011080405-A1 WO2011012777-A1 WO2009156618-A1	New Amines for CO_2 Capture. III. Effect of Alkyl Chain Length between Amine Functions on Polyamines Degradation(30) Amine degradation in CO_2 capture. I. A review(20) Degradation Study of new solvents for CO_2 capture in post-combustion. (17) MEA 40% with Improved Oxidative Stability for CO_2 Capture in Post-Combustion(5) High Throughput Screening of amine thermodynamic properties applied to post-combustion CO_2 capture process evaluation(4)	燃烧后 CO_2 捕集中胺的稳定性
Iijima M[17]	Mitsuoka C O H R D、Shimojo S、Mimura T	三菱重工、关西电力	EP2508245-A1 WO2008156085-A1 EP945162-A	Development of energy saving technology for flue gas carbon dioxide recovery in power plant by chemical absorption method and steam system(74) DEVELOPMENT OF FLUE-GAS CARBON-DIOXIDE RECOVERY TECHNOLOGY(34) Development of CO_2 recovery technology from combustion flue gas(14)	电厂 CO_2 化学吸收法中的节能技术

续表

群体核心发明人	群体主要发明人	机构	重要专利	代表论文	重点研究领域
SISKIN M[5]	BAUGH L S、KORTUNOV P、CALABRO D C 等	埃克森美孚	WO2013138443-A1 WO2012034040-A1	Expanded options for CO_2 reactive separation with liquid adsorbents	气流中分离 CO_2 和硫化氢
陈健[6]	高光华、董立户等	清华大学	CN101612509A CN101480556A CN101279181A	CO_2 捕集的吸收溶解度计算和过程模拟(12)单乙醇胺吸收 CO_2 的热力学模型和过程模拟 MDEA 水溶液对 CO_2 吸收速率的测定	CO_2 捕集的吸收过程模拟和吸收速率测定
张永春[4]	陈绍云、宋徽、王晓峰、李桂民、郭超等	大连理工大学	WO2013020299 CN101612509A CN101091864A	填料塔中混合胺吸收 CO_2 的研究(12) 醇胺溶液吸收与解吸 CO_2 的研究(3) 有机醇胺溶液吸收 CO_2 的研究	混合胺吸收 CO_2 的性能
刘建强[2]	罗一斌、李明罡、舒兴田等	中国石化	CN103084040A CN103084041A		复合脱碳吸收剂和活化剂

注："( )"内数字表示被引次数，下同。

6.6 壳牌 MEA 专利分析

壳牌公司参与多个项目，积极推动 CCUS 的发展。这些项目包括位于西澳大利亚的高庚（Gorgon）液化天然气项目，投产后每年可捕集 300 万～400 万 t CO_2，并将其封存地下。2012 年，壳牌公司在加拿大的 Quest 碳捕集与封存项目已经动工。在挪威，壳牌公司还与多家机构共同开发示范中心，位于蒙斯塔德（Mongstad），用于 CO_2 捕集技术的开发和测试（壳牌集团，2012）。

如图 6-11 所示，2004 年以前，壳牌公司的 MEA 专利技术重点放在天然气等气体中 CO_2 的去除，在天然气加工等技术领域申请数量比较多。2004 年后，壳牌公司把重点放在烟气中去除 CO_2 和捕集 CO_2 用于 EOR、封存等方面，特别是 2009 年后，捕集 CO_2 用于 EOR、封存等方面的专利出现了较大增长，其主要涉及的技术领域有用固体吸附剂处理液体的分离方法、利用装置余热、循环排出的流体加热另一个循环的流体等技术领域。

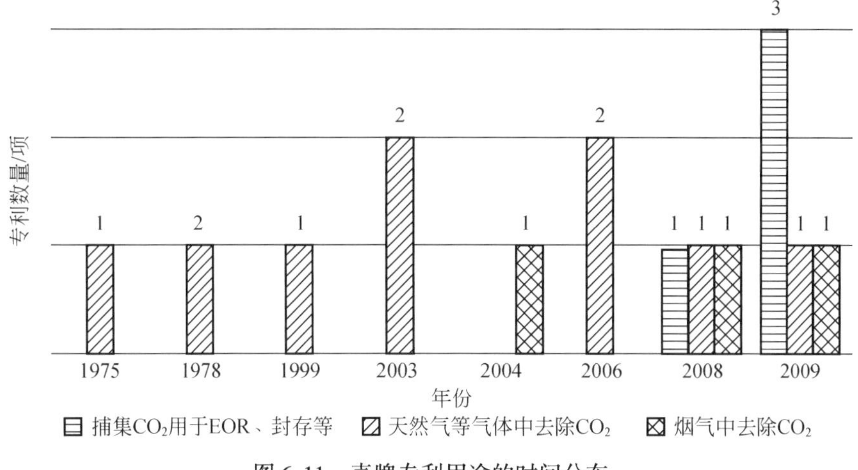

图 6-11　壳牌专利用途的时间分布

壳牌公司在捕集 CO_2 用于 EOR 封存方面的专利有 WO2008090167-A1、WO2009027491-A1、WO2009112518-A1、WO2009153351-A1 等。WO2008090167-A1 涉及生产加压 CO_2，用于驱油、驱煤层气和地下封存，优点是利用蒸汽驱动压缩机增压，不需额外电力。WO2009027491-A1 涉及去除酸性气体流中的硫化氢和 CO_2，并可生产加压 CO_2 气流用于 EOR，优点是去除 CO_2 的第四步使用标准碳钢，节约成本。WO2009112518-A1 涉及去除废气等气体中的 CO_2，并用于

EOR，优点是具有整体效率，不需额外装备，且吸收简单节能。WO2009153351-A1 涉及废气等气体中去除 CO_2，可提供相对高压 CO_2 用于 EOR，优点是方法简单、经济、高效。

对壳牌公司的专利进行解读，其 MEA 专利技术关注的问题主要集中在腐蚀、水消耗、能耗、吸收能力、降解、气体加压等技术方面，如图 6-12 所示。其中，能耗和溶剂吸收能力是壳牌公司最为关注的问题，分别占到 35.29% 和 23.53%。此外，壳牌公司还比较关注的问题有气体加压、水消耗等。

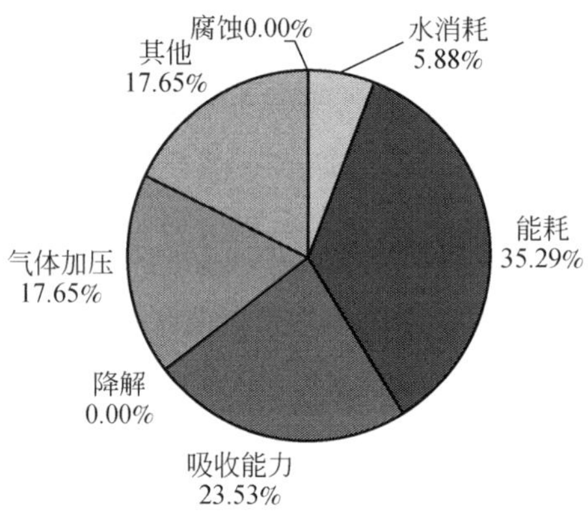

图 6-12　壳牌专利关注的问题分布

6.7　MEA 核心专利分析

6.7.1　核心专利的遴选和解读

通过对从 DII 数据库中检索到的 394 项专利的统计分析，综合考虑被引次数、技术保护范围等信息，并对标题和摘要信息的判读，筛选出了多件重点专利。通过对专利详细信息的进一步解读，从中选取了 20 项核心专利（表 6-6）。

表 6-6 被引次数前 10 名专利分析

标题	专利号	公开时间	被引次数	来源国	申请机构	技术领域	用途	优点	是否在中国申请
Removal and recovery of carbon dioxide from exhaust gas from a power and/or heat generating plant by chemical adsorption and desorption, respectively.	WO200048709-A	2000-8-24	50	挪威	挪威海德鲁公司	通过吸收作用用分离；碳氧化物的分离；分离	电厂或热电厂烟气中 CO_2 的吸收和再生	减少废弃物、副产品，降低腐蚀问题，减少化学物质消耗以及设备的重量和体积	否
Recovering hydrogen and carbonn mon: oxide from carbo di: oxide mixt. - involves solvent extn. of gas mixt. to remove carbon di: oxide, cooling remainder to condense water and feeding to pressure swing absorber.	US4861351-A	1989-8-29	43	美国	空气产品公司	通过吸收作用用分离；氢或含氢气体从混合气体中的分离	CO_2、氢气、CO、水混合气中 CO_2 的分离	投资和运营成本较低	否
Removal and capture of carbon dioxide from flue gas comprises extracting carbon dioxide from flue gas, regenerating solvent in solvent regeneration zone, and reacting carbon dioxide stream with bivalent alkaline earth metal silicate.	WO2004037391-A1	2004-5-6	34	荷兰	壳牌	通过吸收作用用分离；碳氧化物的分离	废弃中 CO_2 的去除和捕集	CO_2 去除和捕集过程耗能较少	否

续表

标题	专利号	公开时间	被引次数	来源国	申请机构	技术领域	用途	优点	是否在中国申请
Solid sorbent useful for absorbing carbon dioxide from a gas mixture comprises an amine and nano-structured solid support.	WO2008021700-A1	2008-2-21	33	美国	南加州大学	浸渍或涂层；碳氧化物的分离；吸附作用分离；氢气或含氢气体	混合气中分离和捕集 CO_2	高 CO_2 选择性和吸收能力；解决腐蚀和挥发问题；提高稳定性	是
Absorption medium for deacidifying oxygen containing fluid streams with acid gases e. g. carbon dioxide, hydrogen sulfide or sulfur dioxide, comprises aliphatic amine and non- hydroquinoid antioxi-dant.	US2005202967-A1	2005-9-15	31	德国	巴斯夫集团	组合物中包含有机材料；通过吸收作用分离	酸性气体（包括 CO_2）的脱除	提高吸收介质抗氧化性	否
Carbon di:oxide removal from (combustion) gases- comprises contacting with aq. solns. contg. specific amine(s).	EP705637-A	1996-4-10	31	日本	三菱重工、关西电力	通过吸收作用分离；碳氧化物的分离；废气中 CO_2 的分离；硫化氢	去除燃烧废气等中的 CO_2	提高单位吸收容量和速率；低能耗	是
Sulphides removal from natural gas, giving improved efficiency, reduced odour and reduced waste products- by contacting gas streams with the reaction product of an aldehyde and an amine.	WO9850135-A	1998-11-12	30	加拿大	CRESCENT 控股公司	通过吸收作用分离；硫化合物的分离；含有硫化氢混合气中 CO_2 的分离；天然气或合成天然气的加工	天然气、原油和成品油中含有水、CO_2、硫化物的去除	溶剂更有效率，可再生	否

续表

标题	专利号	公开时间	被引次数	来源国	申请机构	技术领域	用途	优点	是否在中国申请
Recovery plant for recovering gaseous component from process gas comprises an absorber, a regenerator, a solvent flow control element, a cooler, and a connecting element.	WO200030738-A	2000-6-2	27	美国	福陆公司	除去不明结构的组分;碳氧化物的分离;利用气液接触分离;通过吸收作用分离;废气中 CO_2 的分离;分离;气体分离	气体回收的组件	降低 CO_2 去除所需热能;提高溶剂容量,减少循环率	否
Carbon di: oxide recovery from combustion exhaust gas- by absorption using aq. alkanolamine soln. and contacting with carbonated water.	EP553643-A	04 Aug 1993	27	日本	三菱重工、关西电力	通过吸收作用分离;废气中 CO_2 的分离;吸收装置;碳氧化物的分离	化石燃料发电厂 CO_2 的减排	降低 MEA 循环,减少蒸汽量和热能消耗	否
Water- tolerant, regenerable adsorbent useful in acid gas dry scrubbing process has surface or framework amine-functionalized mesoporous (organo) silica.	WO2004054708-A2	2004-7-1	25	加拿大	渥太华大学	酸性组分气体中 CO_2 的分离;碳氧化物的分离;变压吸附	酸性气体干燥洗涤过程去除 CO_2 或硫化氢	具有较高吸收容量和较快吸收效率	否

表 6-7　申请国家数量前 10 名的专利分析

标题	专利号	公开时间	申请国家数量	来源国	申请机构	技术领域	用途	优点	是否在中国申请
Aqueous solution for removal of acid gases from fluid stream, comprises an alkanolamine.	WO200018493-A	2000-4-6	15	美国	陶氏化学，英力士集团	通过吸收作用分离；硫化氢；CO_2；酸性组分气体中 CO_2 的分离；含有硫化氢混合气中 CO_2 的分离；碳氧化物的分离；分离	从液体流去除酸性气体	吸收后没有降解产物	是
Recovery of high purity carbon dioxide, for use in e. g. soft drinks, involves separating carbon dioxide-rich liquid into nitrogen oxide- and oxygen-rich gas, and nitrogen oxide- and oxygen- depleted liquid by flashing.	WO2007009461-A2	2007-1-25	14	丹麦	联合工程公司	通过吸收作用分离；碳及其化合物；CO_2；碳氧化物的分离	生产高纯度 CO_2 用于如软饮料		是

续表

标题	专利号	公开时间	申请国家数量	来源国	申请机构	技术领域	用途	优点	是否在中国申请
Solvent composition for selective removal of carbonyl sulfide from gas stream derived from natural gas reservoirs, petroleum, or coal, includes polyalkylene glycol alkyl ether(s), and alkanolamine compound(s) or piperazine compound(s).	WO2004085033-A2	2004-10-7	13	美国	陶氏化学	气体分离；通过吸收作用分离；硫化合物的分离；天然气；天然气或合成天然气的加工	天然气、石油、煤炭等天然和合成气流中选择性去除羰基硫	高效选择性去除羰基硫	是
Deacidization of gaseous mixture having acid gas by contacting gaseous mixture with absorbent, allowing acid gas absorption, separating concentrated amine phase and providing to regeneration unit and recycling regenerated concentrated amine.	US2009263302-A1	2009-10-22	12	美国	胡亮	通过吸收作用分离；废气中 CO_2 的分离；酸性组分气体中 CO_2 的分离；碳氧化物的分离；吸收装置；硫化合物的分离；天然气或合成天然气的加工；液体脱气；分离	酸性气体分离	提高吸收效率；降低成本	是

续表

标题	专利号	公开时间	申请国家数量	来源国	申请机构	技术领域	用途	优点	是否在中国申请
Removal of carbon dioxide from gaseous stream by contacting the gaseous stream with solution formed by combining primary or secondary polyamine, alkali salt, and water, and regenerating the solution.	WO2004089512-A1	2004-10-21	12	美国	德克萨斯大学	通过吸收作用分离；碳氧化物的分离；催化方法	废气及其他气体中去除 CO_2	更快的反应效率，可接受稳定性，低温吸收	是
Sample detection system, e. g. liquid chromatography system, has scavenger that reduces concentration of gas within mobile phase as mobile phase moves from inlet to outlet of chamber.	US2005100477-A1	2005-5-12	12	美国	奥泰公司	柱色谱法测试；流态载体的调节；液体脱气	从检测分析设备的流动相中除去气体	提高去除效率	是
Acidic component i. e. carbon dioxide, absorbing and removing system for e. g. process stream, has control mechanism coupled to solution outlet, where mechanism controls amount of semi-lean absorbent solution removed from regenerator.	WO2009076326-A1	2009-6-18	11	法国	阿尔斯通	通过吸收作用分离；酸性组分气体中 CO_2 的分离；利用气液接触分离；废气中 CO_2 的分离；碳氧化物的分离；分离	CO_2 等酸性成分的吸收和去除系统	提高吸收能力，降低能耗	是

续表

标题	专利号	公开时间	申请国家数量	来源国	申请机构	技术领域	用途	优点	是否在中国申请
System for absorbing acidic component such as carbon dioxide from process stream, comprises process stream comprising acidic component, absorbent solution containing internal portion, absorber and catalyst portion.	WO2009076327-A1	2009-6-18	11	法国	阿尔斯通	通过吸收作用分离；碳氧化物的分离；酸性组分气体中 CO_2 的分离；利用气液接触分离；催化方法；废气中 CO_2 的分离；含有硫化氢混合气中 CO_2 的分离	烟气中 CO_2 等酸性气体的吸收系统	系统有效地吸收高浓度酸性成分	是
Carbon di: oxide removal from gas streams-by treating with alkanolamine solns. .	WO8910783-A	1989-11-16	11	美国	克尔麦吉公司	分离；通过吸收作用分离；CO_2；废气中 CO_2 的分离	气流中 CO_2 的去除		是

续表

标题	专利号	公开时间	申请国家数量	来源国	申请机构	技术领域	用途	优点	是否在中国申请
Recovering carbon dioxide from e. g. flue gas involves passing feed gas comprising carbon dioxide and oxygen into an absorbent solution containing amine and organic component; removing oxygen and recovering carbon dioxide from the absorbent.	US2007148069-A1	2007-6-28	11	美国	普拉塞尔技术有限公司	通过吸收作用分离；碳及其化合物；CO_2；碳氧化物的分离	从烟道气等中回收CO_2	降低能耗，提高反应效率和减少发泡	是
Recovery of carbon dioxide from low pressure system from gas by absorption into amine based recovery solvent.	EP1059109-A	2000-12-13	11	美国	普拉塞尔技术有限公司	通过吸收作用分离；CO_2；碳氧化物的分离；碳及其化合物		提高低压系统中CO_2的回收	是

6.7.2 MEA 核心专利技术领域分析

对选取的20项核心专利的专利信息进行解读，其MEA专利技术关注的问题主要集中在腐蚀、水消耗、能耗、吸收能力、降解等技术方面，如图6-13和图6-14所示。其中，能耗和溶剂吸收能力、降解是被引次数前10名专利和申请国家数量前10名专利最为关注的问题。此外，被引次数前10名专利还关注水消耗、腐蚀等问题。

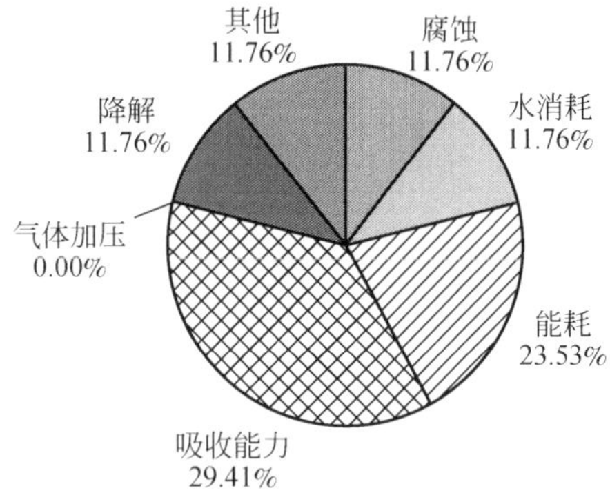

图6-13 被引次数前10名的专利关注的问题

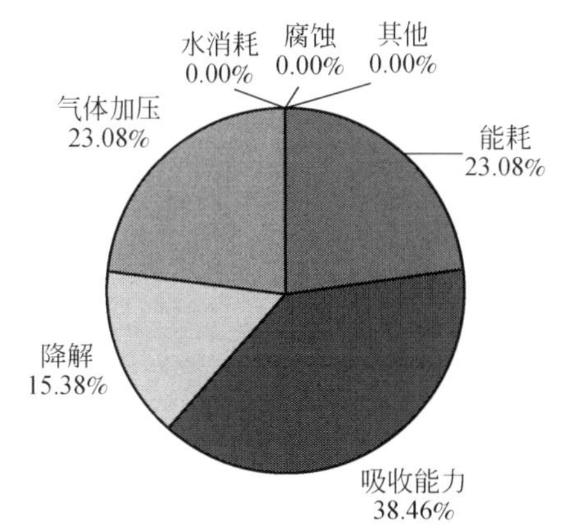

图6-14 申请国家数量前10名的专利关注的问题

6.7.3 MEA 核心技术知识产权覆盖区域及关键信息分析

对被引次数前10名的专利（表6-6）和申请国家数量前10名（表6-7）

的专利进行分析。需要重点关注的专利包括 WO2008021700-A1、EP705637-A、WO200018493-A、WO2004089512-A1、WO2009076326-A1 等，这些专利都在中国进行了申请。WO2008021700-A1 由美国南加州大学申请，涉及混合气中分离和捕集 CO_2，优点是具有较高的 CO_2 吸收选择性，能够提高 CO_2 吸收能力，解决腐蚀和挥发问题，并提高稳定性。EP705637-A 由日本三菱重工和关西电力申请，涉及去除燃烧废气中的 CO_2，优点是提高单位吸收容量和速率，低能耗。WO200018493-A 由美国陶氏化学和英力士集团共同申请，涉及从液体去除酸性气体，优点是吸收后没有降解产物。WO2004089512-A1 由美国德克萨斯大学申请涉及废气和其他气体中去除 CO_2，优点是更快的反应效率，可接受的稳定性以及低温吸收。WO2009076326-A1 由法国阿尔斯通公司申请，涉及 CO_2 等酸性成分的吸收和去除系统，优点是提高吸收能力，降低能耗。

6.8 本章小结

MEA 是 CO_2 分离与捕集的重要技术之一。基于 MEA 专利数据分析，对全球 MEA 研发机构的专利数量、保护地区、技术领域、核心专利及关注的技术重点及机构间合作关系的对比分析，反映了美、日、欧的 MEA 研发机构在专利技术的竞争能力较强，主要表现在：

（1）从专利数量和机构间合作关系相结合的角度，法国石油研究院、三菱重工、壳牌、巴斯夫、清华大学的 MEA 专利申请数量较多；从所属国来看，美国机构、法国公司、荷兰公司的专利总数最多。因此中国应加大对 MEA 技术的研发与专利申请，避免相关技术受到市场制约。

（2）与中国机构相比，国外机构更为注重全球范围的专利保护，三菱、壳牌、陶氏化学、巴斯夫等 4 家机构申请的专利保护地区最多，其中欧洲、北美和中国是研发机构专利保护的重点地区/国家，这与技术发展和市场占有具有密切关系。因此，中国不仅要注重专利的全球保护，更应该加强对在华申请的外国专利的重视程度，以防受限于人并保护国内市场。

（3）吸附分离方法和酸性气体中 CO_2 分离技术是 MEA 研发机构普遍关注的热点问题，尤其是在能耗、吸收效率方面的专利申请较多。但在近 3 年中，各机构的专利技术侧重各有不同，这可能与机构的发展方向和定位有关。

（4）从被引频次来说，从烟气、废气或酸性气体中分离脱除 CO_2 技术仍然是各主要研发机构的核心专利，受到重点保护，如果进行技术转让，可能会产生高昂的转让费用。

（5）从机构间合作关系来看，大部分专利为机构独立申请，仅有少部分机构有合作关系，并且只在相同所属国的机构之间有这种合作关系。日本三菱重工和关西电力之间合作关系最强，合作申请专利达到50%以上。

第7章 CO_2运输关键技术专利分析——CO_2压缩机

在CCUS技术流程链中，CO_2的压缩和运输都是非常关键的环节。一般来讲，CCUS技术中捕集到的CO_2量非常巨大，必须经过压缩和干燥后，再输送到目的地，而CO_2运输要求的压力一般为10～15MPa，如果CO_2中有水分子存在，当温度小于10℃、压力大于1MPa时，容易形成类似冰的固体颗粒，堵塞运输管道，损坏压缩机械。同时，CO_2的密度较大，气阀及管道的阻力损失也较大。由于临界温度高，在常温（31.1℃）、中压（7.15MPa）下即液化，冷却温度不能过低。CO_2的这些特性都对CO_2压缩机提出了新的要求。

电厂等CO_2排放源捕集产生CO_2气体量巨大，而化工、食品和材料等行业的需求相对较少，大量的气体只能通过地质封存和海洋封存来处理。海洋封存主要有浅海（200～300m）溶解封存、深海（>500m）笼形包合物封存、深海（>3000m）笼形水合物封存。地质封存利用类似自然界中地质封存天然气等气体的原理对CO_2进行封存，主要有盐水层封存、增强石油开采封存和增强煤层气开采封存。地质封存和海洋封存需要将CO_2压入有巨大压力的地下或水下，这个过程同样离不开压缩机。可以说，CO_2压缩机是CCUS技术中碳捕集、管道输送和地下封存的心脏设备。

目前CCUS系统成本较高，效率较低，尤其是压缩CO_2成本较大。可见，加大技术投入，改善CO_2压缩机的性能将是提高CCUS系统成本效益的有效途径。

7.1 技术介绍和分析方法

用来压缩气体借以提高气压力的机械称为压缩机，也称为“压气机”或“气泵”。一般提升压力小于0.2MPa时，称为鼓风机，提升压力小于0.02MPa时，称为通风机。根据压缩气体的原理，压缩机可以分为容积式和动力式两大类。压缩机种类形式繁多，不同压缩机的结构和特点差异巨大，因而其使用的场合、性能造价、尺寸重量等指标相差也较大。

容积式压缩机气体压力的提高，是通过缩小气体容积来实现的。活塞式压缩机是一种典型的容积式压缩机。它是由汽缸和活塞组成，而活塞则是由连杆、曲轴带动的，在气缸里做往复运动。活塞压缩时，由于汽缸中的气体容积缩小，使气体压力上升。气体的吸气及排气由气缸上的进、排气阀进行控制。

透平式压缩机按结构形式分类可以分为①离心式压缩机：气体在离心式压缩机中的运动，是沿着垂直于压缩机轴的径向进行的。离心式压缩机中气体压力的提高是通过气体流经叶轮时由于叶轮的旋转，使气体受到离心力的作用而产生压力，与此同时气体获得速度。而气体流经叶轮、扩压器等扩张通道时，气体的流动速度又逐渐减慢而使气体压力得到提高。②轴流式压缩机：气体在轴流式压缩机中的运动是沿着平行于压缩机轴的轴向进行的。在轴流式压缩机中，同样由于转子旋转，使气体产生很高的流速，而当气体流经依次排列着的动叶和静叶栅时气体的流动速度就逐渐减慢而使气体压力得到提高。

除了上述的分类外，压缩机也常用气体的种类命名，如 CO_2 压缩机、氨气压缩机、氧气压缩机等。也有以使用场合来命名的，如高炉鼓风机，制冷压缩机等。具体分类见表 7-1。

表 7-1　压缩机分类表

按压缩机结构形式的不同分类	卧式压缩机（气缸中心线成水平方向，包括 D 型、H 型、M 型）
	立式压缩机（直立压缩机，即 Z 型压缩机）
	角式压缩机（气缸中心线成角度，包括 L 型、V 型、W 型等）
按压缩机排气量大小分类	微型压缩机：输气量在 <1（m^3/min）
	小型压缩机：输气量在 1～10（m^3/min）之间
	中型压缩机：输气量在 10～100（m^3/min）之间
	大型压缩机：输气量在> 100（m^3/min）
按压缩机的排气终压力	低压压缩机：排气终了压力在 3～10MPa（表压）
	中压压缩机：排气终了压力在 10～100MPa（表压）
	高压压缩机：排气终了压力在 100～1000MPa（表压）
	超高压压缩机：排气终了压力在 1000MPa（表压）以上
按压缩机气缸段数（级数）	单段压缩机（单级）：气体在气缸内进行一次压缩
	双段压缩机（两级）：气体在气缸内进行两次压缩
	多段压缩机（多级）：气体在气缸内进行多次压缩
按压缩机用途的不同分类	动力用压缩机
	工艺用压缩机
	气体分离用压缩机（空分配套压缩机）
	气体输送用压缩机
	制冷用压缩机等

续表

按压缩机原理的不同分类	往复式（活塞式）压缩机
	螺杆式压缩机
	回转式（旋转式）压缩机
	涡轮式（水环式、透平）压缩机
	轴流式压缩机
	喷射式压缩机等
	其中应用最为广泛的是往复式（活塞式）压缩机和螺杆式压缩机
按冷却方式	水冷式压缩机：利用冷却水的循环流动而导走压缩过程中的热量
	风冷式压缩机：利用自身风力通过散热片而导走压缩过程中的热量

在使用方面，一般容积式压缩机宜用于中、小流量的场合；透平式压缩机宜用于大流量场合。离心式压缩机在国民经济各部门中有很重要的地位，特别在冶金、石油化工、天然气输送、制冷以及动力等工业部门得到广泛应用。

CO_2 压缩机输送介质的分子量大、压缩比高，流量小。在 CCUS 技术中，CO_2 压缩是运输和封存过程中十分重要的工序，CO_2 压缩机在整个工艺的成本中占有很大的比重，也是大型尿素生产装置的关键核心设备。中国自 20 世纪 70 年代以来，先后从其他国家引进的 30 余套大化肥（年产 48 万 ~52 万吨尿素）装置中除少数日本装置外，大多采用通用电气新比隆公司出产或依赖其技术生产的全离心式压缩机。

IGCC 电厂由于使用 CCUS 技术，电厂效率会降低 8% ~12%，发电成本提高 1.2 ~2 倍。由于压缩过程所需压缩功与选取的热力路径有关，为了获得更高效率及更低成本的 CCUS 系统，美国西南研究院 Jeffrey Moore 等提出利用近等温过程压缩 CO_2 气体及低温泵压缩液化 CO_2 相结合的技术。

CCUS 技术中所使用的 CO_2压缩机主要是离心压缩机，由于离心压缩机设计要求的不断提高，离心叶轮向着转速更高、质量更轻的方向发展。但是随着转速的提高，叶轮所受离心力越来越大，叶轮变形与气动之间的相互影响和相互作用也越来越大。因此如何设计出高气动性能，同时又具有高强度的叶轮是离心压缩机设计的重要问题。目前满足 10 ~15MP 压力范围及大流量条件下的液体 CO_2 压缩机在市场上还不成熟。所以 Jeffrey 等采用现有市场上较成熟的液氮或液态天然气离心压缩机，设计了一个应用于压缩液态 CO_2 的，输出压力 15MP 的多级低温透平压缩机。

在重视应用 CFD 技术改进传统 CO_2 压缩机性能的同时，应特别关注 SwRI 所提出的等温气体压缩和低温液体压缩技术，它在传统离心压缩机技术的基础上进行了压缩过程循环方面的创新与改进。实验结果证明该技术可节省 35% 的压缩功消耗。RAMGEN 动力系统公司提出的旋转激波增压方法具有获得单级压比 10∶1的能力，Rampressor-2 实测压比达到 7.8∶1。这与传统压缩方式相比，具有高压比、高绝热效率、结构简单且废热回收后具有成本优势等特点。

随着全球能源需求的进一步增大，CO_2 排放量也必将日益增加。以煤炭为主要能源的国家（如中国等）更是如此。所以，利用低成本、高效率的新技术压缩输送与贮存 CO_2 气体，将成为 CCUS 技术发展的新趋势。同时，这也将成为保护地球生态、改善温室效应的有力工具。

选取 2004 年 1 月 1 日 ~2014 年 5 月 1 日全球范围内 CO_2 压缩技术领域的 5356 项专利，对其进行可视化分析，所获取的信息可帮助了解全球技术优势分布，促进引导技术创新，指导技术转移等工作的开展。

7.2 CO_2 压缩机专利全球分布

分析全球 CO_2 压缩机技术领域专利在各个国家的申请分布情况，在中国申请的 CO_2 压缩机技术专利数量最多，高达 527 项；其次是美国，有 507 项；再次是欧洲，有 233 项；日本和英国也有较多的 CO_2 压缩机技术的专利申请，分别为 176 项和 62 项。就本次检索来说，可以看出在中国申请的 CO_2 压缩机技术专利最多，在中国申请的这些专利包括两部分：一部分是中国的申请人在该领域的专利申请——一般而言，申请人最为注重本国市场，因此首先会在本国申请专利；另一部分是其他国家的专利权人——中国是矿产资源大国，煤化工和化肥工业飞速发展。其他国家申请人为抢占中国市场，积极在中国申请相关专利，试图抢占技术垄断先机。

根据全球 CO_2 压缩机中发明人的主要国籍分布（即专利申请来源）情况可知，全球矿业风机技术领域中，来自美国的发明人专利数量最多，有 707 项关于 CO_2 压缩机技术的专利申请，占专利总数的 37.97%；其次是日本，发明人的关于 CO_2 压缩机技术领域的专利数量为 380 项，占专利总数的 20.41%；排名第三的国家是中国，发明人的关于 CO_2 压缩机技术领域的专利数量为 246 项，占专利总数的 13.21%；另外，英国、法国、德国和加拿大等国家也有一定数量的关于 CO_2 压缩机技术领域的专利申请。从发明人的国籍分布上看，美国在该领域有较多的发明人，占有较大的技术优势，主要原因是美国人才吸引力强，在全球前 500 名高校中有大约 1/3 来自美国。其他因素还包括高度专业化的团队，多元包容、鼓励创新的环境，灵活实用的劳动法规，这些因素均促进并激励了人才的培养、引进及保留。因此，美国的发明人在 CO_2 压缩机技术领域拥有相对较大的领先优势。

7.3 CO_2 压缩机年度专利变化情况

通过对全球和某个国家的特定技术领域专利申请量的统计分析，可以知道全球和该国在这个技术领域的发展状况和趋势。

如图 7-1 所示，全球 CO_2 压缩机专利申请分为两个阶段。第一阶段（1994～2003 年）为起步期。该阶段全球开始出现少量的 CO_2 压缩机的专利申请，但是基于专利年度申请量少且整体增长缓慢，至 2003 年申请量仅 45 项，所以，可以认为此阶段专利申请尚处于起步阶段。第二阶段（2004 年至今）为发展期。该阶段 CO_2 压缩机专利申请量保持快速稳定增长。2009 年数量最多，高达 209 项，年均增长率达到 300%。这说明在该阶段，全球 CO_2 压缩机技术进入了快速发展期。

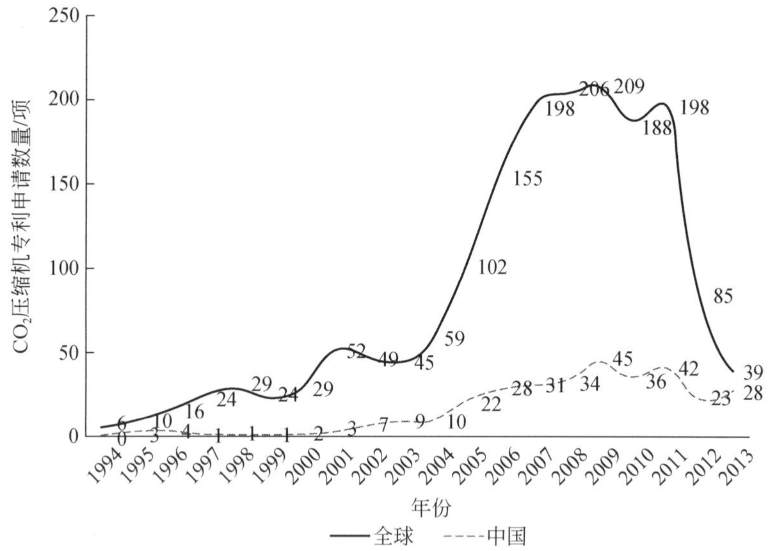

图 7-1　全球和中国 CO_2 压缩机产业专利申请年度趋势对比图

注：发明专利申请后 18 个月才公开，因此 2012 年第四季度之后的数据为不完整数据

中国 CO_2 压缩机专利申请分为两个阶段。第一阶段（1994～2005 年）为萌芽期。该阶段中国开始出现 CO_2 压缩机技术的专利申请，但是专利年度申请量少且整体增长缓慢，至 2004 年申请量仅 10 项。第二阶段（2006 年至今）为起步期。该阶段 CO_2 压缩机专利申请量保持着快速稳定的增长。2009 年数量最多，

高达45项。这主要是因为中国在1994~2005年期间，学术界对CO_2压缩机的关注度和研发力度不够，技术起步较晚。21世纪，随着化工技术的进一步发展，国家对化肥、煤制油等产业加大支持力度，化工行业对CO_2压缩机的需求量大大增加，市场需求促进了技术快速发展。

通过对全球和中国CO_2压缩机技术领域专利申请量进行比较分析可知：就全球范围来说，该技术领域的专利申请已经进入一个快速增长的时期，整体呈现上升趋势。而就中国而言，该技术领域的专利申请尚处于起步阶段，整体专利申请量增长缓慢，专利申请基数不大。可以认为，中国的CO_2压缩机专利研发水平还落后于其他国家，在全球范围内还处于技术落后的地位，加强此方面的技术研发投入十分必要。

7.4 CO_2压缩机专利权人分析

通过统计各申请人的专利申请量，可以看出在全球和中国CO_2压缩机技术领域内的专利技术竞争态势以及相关主体对于该技术创新活动的参与程度，通过统计各申请人的专利价值50分以上的专利数，可以了解全球和中国主要专利申请人在CO_2压缩机技术领域的技术实力强弱和在该技术领域的竞争力。

图7-2为CO_2压缩机技术全球主要申请人。从图中可以看出，专利申请量最多的为Panasonic Corporation（日本），有97项专利；其次是Air Liquide（法国），有94项专利；再次是General Electric Company（美国），有87项专利。专利价值强度50分以上的专利数量最多的是Air Liquide（法国），有19项专利，其次是Panasonic Corporation（日本），有16项专利，再次是General Electric Company（美国）和Air Products & Chemicals，Inc（美国），有15项专利。可以认为，这些申请人有较强的专利保护意识和创新能力，在CO_2压缩机技术专利领域占有较大的竞争优势，这些申请人将有可能成为CO_2压缩机技术领域的竞争者。

图7-3为CO_2压缩机技术中国主要申请人。从图中可以看出，专利申请量最多的为United Technologies Corporation（美国），有20项专利；其次是Greatpoint Energy Inc.（英国），有16项专利。在排名前4的中国主要申请人中，没有一个中国申请人，由此可知，美国和英国等发达国家在中国CO_2压缩机领域的技术创新活动非常活跃，都想在中国抢占最多的市场份额。但主要申请人中没有一个中国申请人也应该让中国企业反思，CO_2压缩机作为减少CO_2排放的绿色可持续发展道路上必不可少的一个产品，中国企业应该加大对该技术的资金研发投入，尽快打破他国的技术壁垒，抢占技术制高点。

组织	专利数量/项	专利价值50分以上的专利数
Panasonic Corporation	97	16
Air Liquide	94	19
General Electric Company	87	15
Air Products & Chemicals，Inc.	54	15
Mitsubishi Electric Corporation	49	4
Bp Plc	49	10
United Technologies Corporation	46	9
Linde Ag	45	1
Royal Dutch Shell Plc	40	7
Exxon Mobil Corporation	40	9
Alstom Sa	37	5
Daikin Industries,Ltd.	29	1
Mitsubishi Heavy Industries,Ltd.	26	4
Greatpoint Energy Inc.	21	1
Idemitsu Kosan Co,Ltd.	20	4

图 7-2　CO_2 压缩机技术全球主要申请人

组织	专利数量/项
Air Liquide	14
General Electric Company	14
Greatpoint Energy Inc.	16
United Technologies Corporation	20

图 7-3　CO_2 压缩机技术中国主要申请人

7.5　CO_2 压缩机专利技术领域分析

7.5.1　全球 CO_2 压缩机专利技术领域分布

根据图 7-4，全球 CO_2 压缩机的 IPC 分布在国际分类号中主要集中在以下几类：B01D（分离）和 F25J（通过加压和冷却处理使气体或气体混合物进行液化、固化或分离）主要涉及的是 CO_2 的分离；F25B（制冷机，制冷设备或系统，加热和制冷的联合系统，热泵系统）主要是涉及 CO_2 压缩机的系统的技术；E21B［土层或岩石的钻进（采矿、采石入 E21C，开凿立井、掘进平巷或隧洞入 E21D）；从井中开采油、气、水、可溶解或可熔化物质或矿物泥浆）］，C01B（非金属元素；其化合物）。

由图可知，在 B01D 小类中，CO_2 压缩机专利全部集中在 B01D53（气体或蒸气的分离；从气体中回收挥发性溶剂的蒸气；废气例如发动机废气、烟气、烟雾、烟道气或气溶胶的化学或生物净化）中，专利数量为 464 项。

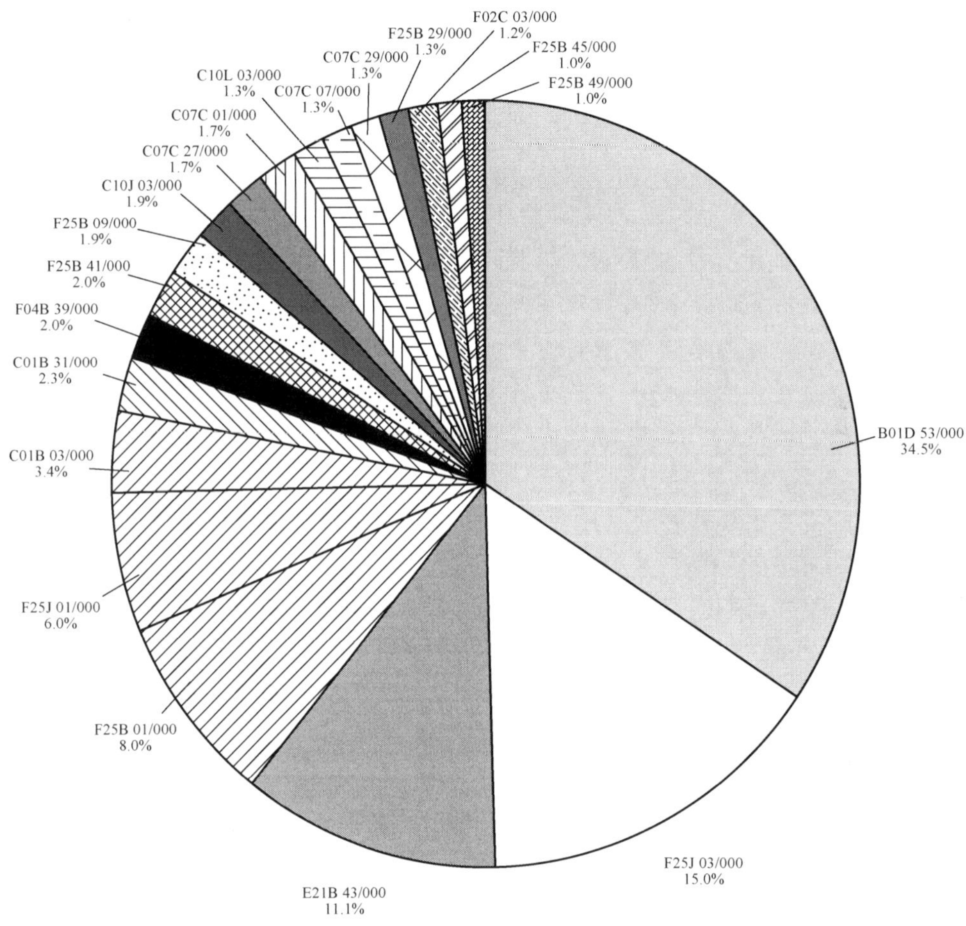

图 7-4　CO_2 压缩机全球 IPC 分布

在 F25J 小类中，专利在 F25J03（使用液化或固化作用进行分离气体混合物成分的方法或设备）中专利数量最多，为 201 项，其次是 F25J01（气体或气体混合物液化或固化的方法或设备），专利数量是 80 项。

在 F25B 小类中，专利全部集中在 F25B01（不可逆循环的压缩机器、装置或系统）中，专利数量是 107 项。

在 E21B 小类中，专利全部分布在 E21B43［水、可溶解或可熔化物质或矿物泥浆的方法或设备（仅适于开采水的入 E03B；用采矿技术开采含油矿层或可溶解或可熔化物质入 E21C41/00；泵入 F04）］中，专利数量为 149 项，占全球专利比重是 11.1%。

总体来说，在大组中 B01D53 占有的数量最多，有 464 项，占总量 34.5%，其次是 F25J03，占总量的 15%。在各 IPC 领域中，通过专利数量的多少，可以看出该技术领域的研发程度，就大组来看，B01D53、F25J03 等领域研发较为深入，也从侧面表明在 CO_2 压缩技术中压缩分离是该技术领域的技术研发创新的密集区域，也是技术竞争的核心区域。而 F25B45、F25B49 等领域的技术研发还有待加强。

7.5.2 中国 CO_2压缩机专利技术领域分布

根据图 7-5，中国 CO_2 压缩机的 IPC 分布在国际分类号中主要集中在以下几类：B01D（分离）和 F25J（通过加压和冷却处理使气体或气体混合物进行液化、固化或分离）这两类主要涉及的是 CO_2 压缩机的分离技术；E21B［土层或岩石的钻进（采矿、采石入 E21C；开凿立井、掘进平巷或隧洞入 E21D）］；F25B（制冷机，制冷设备或系统；加热和制冷的联合系统；热泵系统）；C10L（不包含在其他类目中的燃料；天然气；不包含在 C10G 或 C10K 小类中的方法得到的合成天然气；液化石油气；在燃料或火中使用添加剂；引火物）。

在 B01D 小类中，CO_2 压缩机专利全部集中在 B01D53（气体或蒸气的分离；从气体中回收挥发性溶剂的蒸气；废气例如发动机废气、烟气、烟雾、烟道气或气溶胶的化学或生物净化）中，专利数量是 72 项，占中国专利的比重为 29.8%。

在 E21B 中，CO_2 压缩机专利全部集中在 E21B43［水、可溶解或可熔化物质或矿物泥浆的方法或设备（仅适于开采水的入 E03B；用采矿技术开采含油矿层或可溶解或可熔化物质入 E21C41/00；泵入 F04）］中，专利数量为 22 项，占中国 CO_2 压缩机的比重是 9.1%。

在 F25J 小类中，主要集中在 F25J03（使用液化或固化作用进行分离气体混合物成分的方法或设备）中，专利数量是 43 项，其次是 F25J01（气体或气体混合物液化或固化的方法或设备），数量是 7 项，占比是 2.9%。

在 F25B 小类中，主要集中在 F25B01（炉或灶），专利数量是 14 项，占比重为 5.8%，其次依次是 F25B41（流体循环装置，例如从蒸发器往发生器输送液体用的泵本身及其所用密封入 F04）、F25B29（采用空气或其他低沸点气体为制冷剂的压缩机器、装置或系统）、F25B09（加热和制冷组合系统，例如交替或同时运转的），专利数量依次是 8、5、5 项。

总体来说，在各大组中 B01D53 占有数量最多，有 72 项，占比是 29.8%，其次是 F25J03，占总量的 17.8%。在各 IPC 领域中，就大组来看，B01D53、F25J03 等领域研发较为深入，也从侧面表明 CO_2 压缩技术的压缩分离，是该技术领域的技术研发创新的密集区域，也是技术竞争的核心区域。

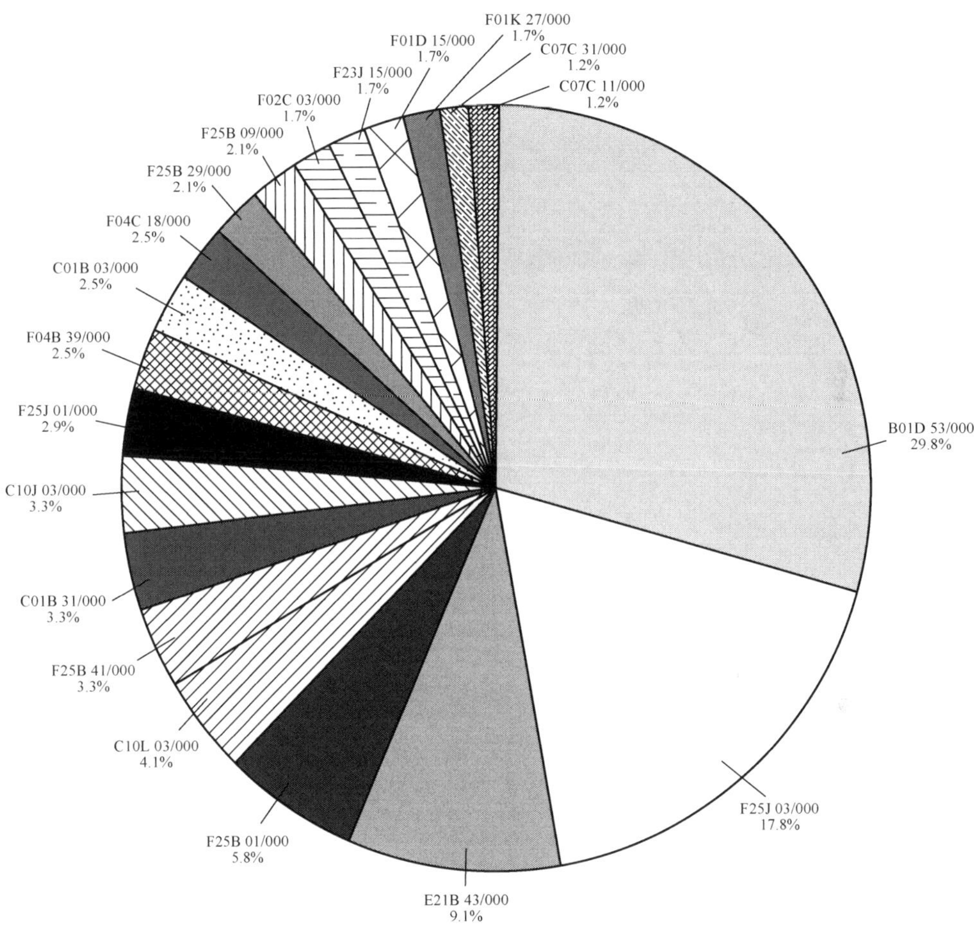

图 7-5　CO_2 压缩机中国 IPC 分布

7.5.3　CO_2 压缩机专利 IPC 分布对比结论

总体而言，通过分析 CO_2 压缩机的全球 IPC 分布和中国 IPC 分布发现，涉及机械、化学、运输等领域，两者 IPC 范围都比较广，而且核心技术领域几乎一样，都集中在 B01D53、F25J03。但是在小类 F25B 中，全球 CO_2 压缩机的技术分布范围明显比中国广，除了两者的专利分布都在 F25B01、F25B41、F25B09、F25B29 之外，全球 CO_2 压缩机专利涉及 F25B45 和 F25B49 等，全球的 CO_2 压缩机专利研究活动范围更为宽广。总体来说，在 CO_2 压缩机 IPC 分布中，中国的技术研究范围与全球大致相同，但是在技术发展速度上，中国和全球相差甚远。因此，在以后的研究活动中，中国应该投入更多的资源促进该技术的研发活动。

7.6 CO_2 压缩机专利价值分析

一个领域的高价值专利对于本领域的发展有着重要的作用。专利价值度是相对表征专利自身价值大小的度量单位。就像是温度计可以为“冷热”定义，类似地，专利价值度可以为专利的“好坏”进行定义，从而支持对于多项专利的横向、纵向对比，以便对专利价值进行最直观的度量。本书中将价值强度高于 60 分的专利界定为高价值专利。

根据图 7-6 可知，CO_2 压缩机在全球的专利价值分布中，在 0 ~ 10 分中专利数量最多，为 666 项；其次是 10 ~ 20 分之间的专利有 353 项，排名第二；统计在 60 分以上的专利数量为 199 项，占全球所有专利的 10.7%。并且全球专利价值分布范围广，幅度大，CO_2 压缩机专利价值度高低不一。而依照图 7-7，CO_2 压缩机在中国的专利价值分布中，同样在 0 ~ 10 分中专利数量最多，为 176 项，排名第一；其次是 10 ~ 20 分之间的专利，有 77 项；而在 60 分以上的专利数量为 2 项，占所有专利的 0.6%。因此将中国与全球进行对比可以发现，中国的专

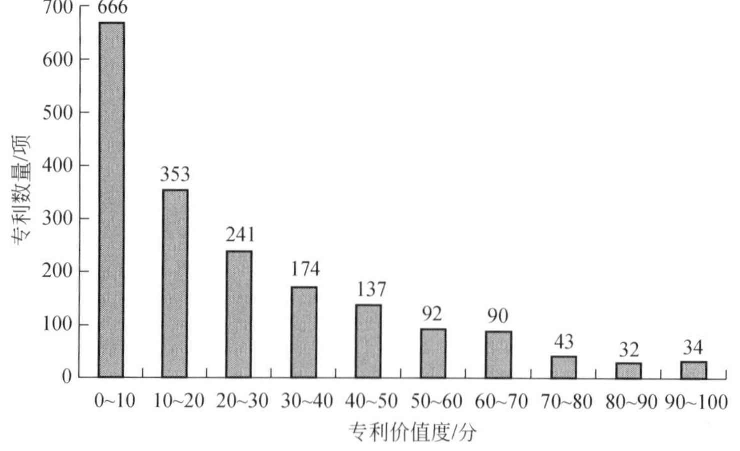

图 7-6 CO_2 压缩机全球专利价值分布

利价值偏低，集中在50分以下，在60分以上的专利数量明显低于全球，并且在价值度70分以上的专利数量为0。所以，与全球相比，在 CO_2 压缩机专利创新中，中国的专利价值相对偏低，因此中国发明人应当在以后的创新活动中更加注重创造高价值的专利。

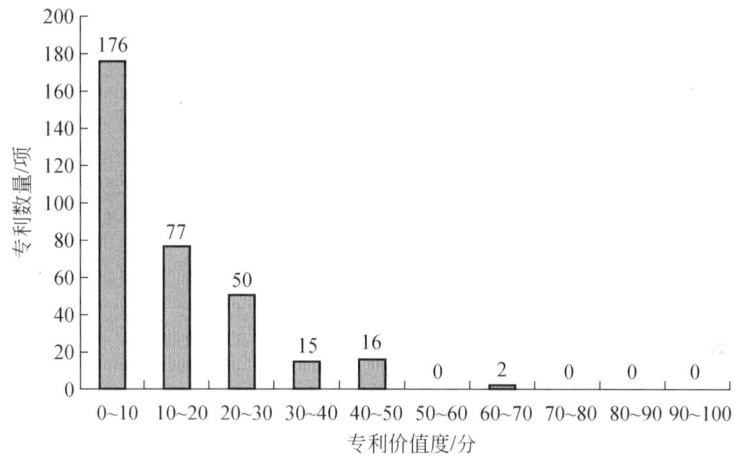

图7-7　CO_2 压缩机中国专利价值分布

7.7　CO_2 压缩机高引证专利分析

被引次数就是作为被分析对象的专利（以下简称目标专利）被后续施引专利（以下简称施引专利）引用的次数。以目标专利为起点，专利引证有两个方向，即引用（citing）和被引用（cited）。

前引专利是指后面的专利向前引证目标专利。一般而言，一件专利被后面的专利引用的次数越多，很大程度上说明该专利包含有重要的技术进步或开创性，因前引专利是在目标专利公布之后申请的专利，它可能是基于对目标专利技术的改进，或者是利用了目标专利的技术。总之，尤其是高价值专利的前引专利，更多可以看出对该高价值专利的技术依赖。

根据表7-2得知，全球 CO_2 压缩机引证次数为0的前引证专利有1135项，占全球专利的60.9%；被引次数在1～10之间的专利有529项，占全球 CO_2 压缩机专利的28.4%；被引次数在50次以上的专利有32项，占全球专利总量的1.7%。说明这些专利技术是在 CO_2 压缩机专利技术中被依赖的技术，为该领域的核心技术，具有很高的价值。而在中国 CO_2 压缩机专利中，全部目标专利都没有被引证过，因而可以明显地看出中国 CO_2 压缩机专利的价值强度较低，与全球相比中国的 CO_2 压缩机专利技术仍然处于初步阶段，创造力有待加强。

表 7-2　CO_2 压缩机前引证专利

被引次数区间	全球	中国
0	1135	0
1 ~ 10	529	0
10 ~ 20	111	0
20 ~ 30	43	0
30 ~ 40	10	0
40 ~ 50	2	0
50 以上	32	0

后引专利（也称被引专利），指目标专利在后引用了别人的专利。被引专利是分析专利重要性和基础性的重要指标，如果一份专利多次被后继专利引用，这就表明该专利技术在其领域的质量比较高或者属于比较基础性的研究成果。同样的，如果一份专利引用了这样的专利，也可以说该专利是建立在比较高的基础之上的。因此，对后引专利进行分析可以发现在目标专利之前技术发展的现状。后引专利是与目标专利有着较密切的联系。对于 CO_2 压缩机领域中高价值专利的后引专利，因高价值专利正是在后引专利技术上得以发展产生的，所以这些后引专利技术在 CO_2 压缩机领域也具有着重要的地位。

根据 CO_2 压缩机后引专利的统计可知，全球专利引用次数为零的目标专利总数为 1321 项，占全球专利总数的 70. 9%，说明了在全球 CO_2 压缩机专利中将近有一半的专利没有引用在前的专利；而在引用次数区间 1 ~ 10 之间的专利有 471 项，占全球专利的 25. 3%，并且引用次数在 40 次以上，全球的专利中有 15 项，说明这 15 项专利的研发基础比较高，技术比较强。根据表 7-3 中国 CO_2 压缩机后引专利统计可知，在中国专利引证次数为零的专利有 319 项，占中国总专利的 94. 9%，说明了中国的 CO_2 压缩机专利研发引证他人专利很少，对比发现中国专利的质量相对于全球来说还很低；并且引证次数在 1 ~ 10 之间的中国专利只有 17 项，引证次数 10 以上的中国专利数量为零，更加明显的表明了中国 CO_2 压缩机专利研究水平低，技术研发还处于基础阶段，还没有上升到对技术的改进阶段。

表 7-3　CO_2 压缩机后引证专利

引证次数区间	全球	中国
0	1321	319
1～10	471	17
10～20	56	0
20～30	10	0
30～40	3	0
40～50	14	0
50 以上	1	0

7.8　CO_2 压缩机专利权人综合竞争力分析

专利权人综合竞争力分析是 ProQuest Dialog 公司旗下的专利检索与分析平台 Innography 对专利权人的综合竞争力而设置的一个分析指标。该指标综合了专利竞争力和市场竞争力，使竞争者之间的差距一目了然。其中，专利竞争力主要通过专利数量、所涉及的 IPC 和专利引证情况等信息进行评价，主要反映了专利权人在技术研发、创新活动中的专利保护的现状与能力。而市场竞争力主要通过资本实力、所在地和市场营销能力等信息进行评价，主要反映了专利权人的技术成果在市场上占领市场份额的能力。

图 7-8 和表 7-4 反映了 CO_2 压缩机综合竞争力在全球排名前 11 的专利权人的基本情况。从图中可以看出，位于专利竞争力前 3 的专利权人是 Panasonic Corporation（日本）、Air Liquide（法国）和 General Electric Company（美国），且各专利权人技术竞争处于胶着状态。位于市场竞争力前 3 的专利权人是 Royal Dutch Shell Plc（荷兰）、Bp Plc（英国）和 Exxon Mobil Corporation（美国）。排名前 10 的专利权人中没有一个中国专利权人。由此可知，日本、美国和法国在 CO_2 压缩机领域的技术创新活动最为活跃，中国 CO_2 压缩机企业的技术创新活动却比较少，而 CO_2 压缩机是中国制造业绿色制造必不可少的一个产品，因此，中国 CO_2 压缩机企业急需加大在 CO_2 压缩机产品的资金和人才投入，占领行业技术制高点，从而打破他国企业的技术和专利壁垒，促进中国 CO_2 压缩机产业的发展。同时，由于各专利权人技术竞争处于胶着状态，CO_2 压缩机排名全球前 15 的专利权人如何成功突围破局、获取竞争优势、抢占市场先机成为他们目前面临的最大课题。

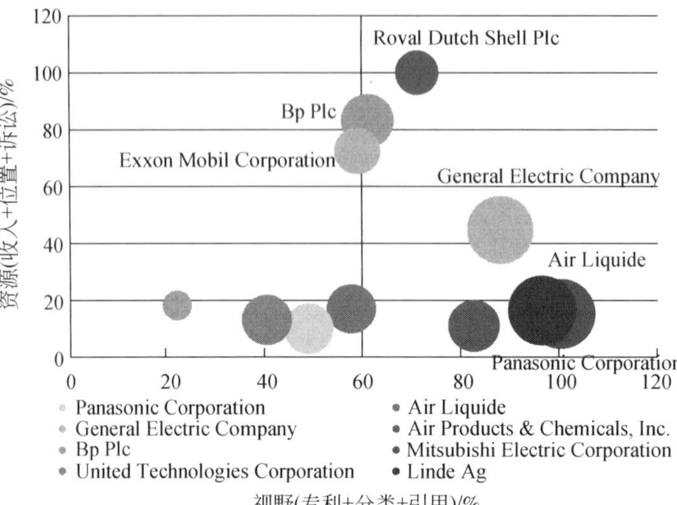

图 7-8　CO_2 压缩机全球前 11 专利权人市场竞争力

资料来源：http：//ap1. innography. com/，检索日期：2014-05-08

表 7-4　CO_2 压缩机全球前 10 专利权人综合竞争力

组织	专利数/项	收入/亿美元	美国专利诉讼（全球）	视野（专利+分类+引用）/%	资源（收入+位置+诉讼）/%
Panasonic Corporation	97	715. 8	296	100	14. 79659
Air Liquide	94	211. 8	25	96. 29017	16. 56817
General Electric Company	87	1457. 2	233	87. 91923	44. 60294
Air Products & Chemicals, Inc.	54	101. 8	14	82. 36515	10. 93682
Bp Plc	49	3791. 4	53	60. 99353	83. 29061
Mitsubishi Electric Corporation	49	350. 7	66	48. 94761	9. 994445

续表

组织	专利数/项	收入/亿美元	美国专利诉讼（全球）	视野（专利+分类+引用）/%	资源（收入+位置+诉讼）/%
United Technologies Corporation	46	626.3	124	40.2922	13.17356
Linde Ag	45	230.0	59	57.78267	16.89839
Exxon Mobil Corporation	40	3902.5	61	58.76045	72.57799
Royal Dutch Shell Plc	40	4512.4	62	71.20482	100
Hitachi, Ltd.	17	888.7	185	22.05128	17.93282

资料来源：http://ap1.innography.com/，检索日期：2014-05-08

图7-9和表7-5表明了CO_2压缩机中国前5专利权人市场竞争力的基本情况。从图7-9中可以看出，位于市场竞争力前3的专利权人是Air Liquide（法国）、United Technologies Corporation（美国）和Panasonic Corporation（日本）。

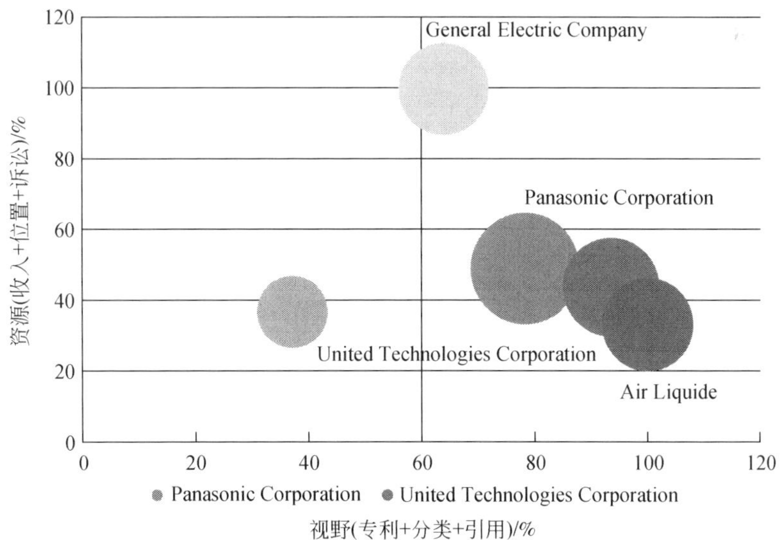

图7-9 CO_2压缩机中国前5专利权人综合竞争力

位于市场竞争力前 3 的专利权人是 General Electric Company（美国）、Panasonic Corporation（日本）和 United Technologies Corporation（美国）。排名前 5 的专利权人中没有一个中国专利权人。由此可知，在中国，法国、美国和日本的公司在 CO_2 压缩机领域的技术创新活动较为活跃，而中国专利权人在 CO_2 压缩机领域的技术创新活动却比较少。同时，中国经济保持平稳发展，已成为全球第二大经济体，因此，法国、美国和日本等发达国家非常注重中国市场的专利布局，以期占领更多的市场份额，获得更多的经济利益。中国本土 CO_2 压缩机企业如何突破他国申请人的专利壁垒，进行 CO_2 压缩机的技术研发与创新，并夺取市场份额将是急需解决的难题。

表 7-5　CO_2 压缩机中国前 5 专利权人综合竞争力

组织	专利数/项	收入/亿美元	美国专利诉讼（全球）	视野(专利+分类+引用)/%	资源(收入+位置+诉讼)/%
Panasonic Corporation	20	715.8	296	78.21229	49.2092
United Technologies Corporation	16	626.3	124	93.43575	43.68058
Air Liquide	14	211.8	25	100	33.08349
General Electric Company	14	1457.2	233	63.68715	100
Mitsubishi Electric Corporation	9	350.7	66	37.15084	36.65797

7.9　重要 CO_2 压缩机机构分析

7.9.1　法国液化空气集团专利分析

1. Air Liquide 专利分类号分布

从图 7-10 可以看出：在 CO_2 压缩机技术领域中，法国液化空气集团（Air Liquide）专利涉及的 IPC 范围较广，且 IPC 技术领域侧重点较为明显。其中涉及 F25J03（使用液化或固化作用进行分离气体混合物成分的方法或设备）的专利申请占比最大，为 33%；其次涉及 B01D53（气体或蒸气的分离；从气体中回收挥发性溶剂的蒸气；废气例如发动机废气、烟气、烟雾、烟道气或气溶胶的化学或生物净化）的专利占比位居第二，为 28.7%；再次涉及 E21B43、C07C29 和 F25J01 的也有一定的专利申请比重均为 5.5%；其余的则均在 5%。

仔细分析下图可知，法国液化空气集团专利涉及 B 部、C 部、E 部和 F 部，其专利技术领域跨度较大，这一方面是由于该公司经营业务涉及工业、健康和环保气体等多个领域，另一方面还与一件专利可能同时涉及多个 IPC 有关。另外计算可知，F25J03 和 B01D53 占比总和为 61.8%，剩余各专利大组 IPC 均占比较少。据了解该集团始终将氧气、氮气、氢气和稀有气体作为核心业务。因此结合上述 IPC 可知，法国液化空气集团的技术研究重点是气体混合物的分离。

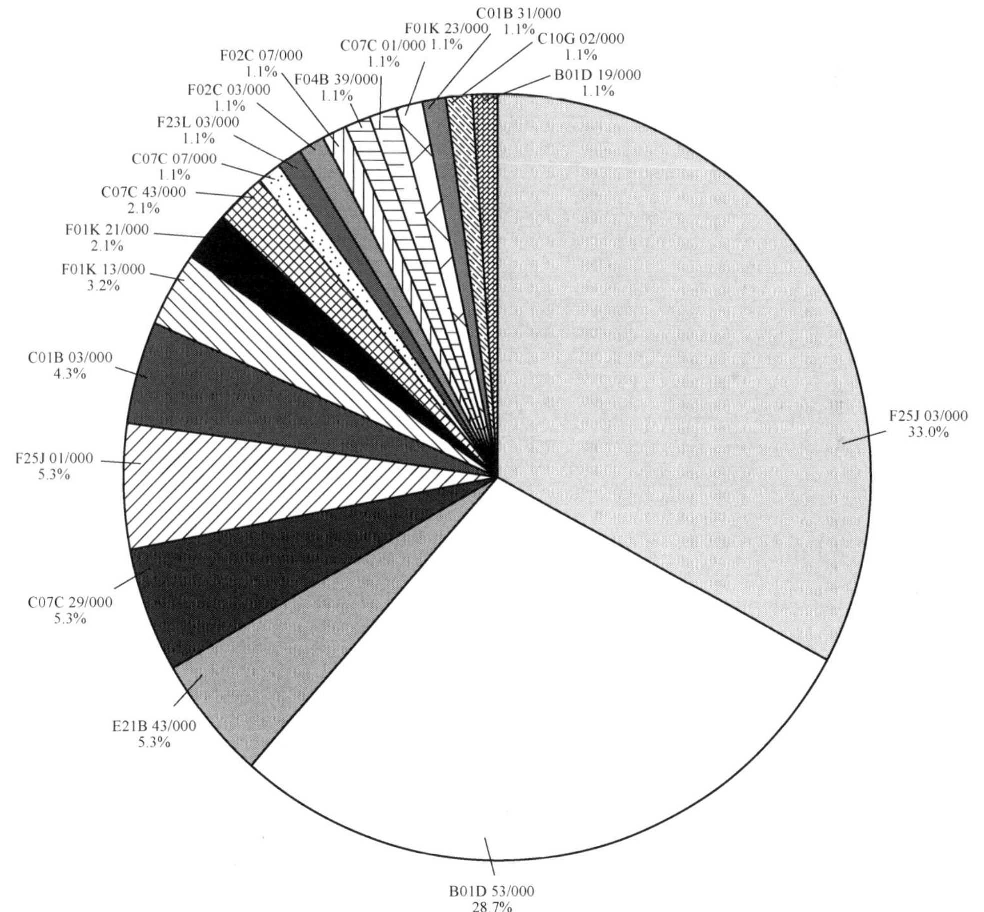

图 7-10　Air Liquide IPC 分布

2. Air Liquide 年度趋势

图 7-11 反映了 Air Liquide 在 CO_2 压缩机技术的专利申请年度趋势。基于该公司的专利申请基数，可以将 Air Liquide 的专利申请分为两个阶段，即 2000 年以前和 2000 年以后。前一个阶段，年度专利申请数量少，且部分专利申请年份有间断；后一个阶段，专利申请整体呈上升态势，专利申请数量有较大幅度的增加且最多达到 2009 年的 22 项。仔细分析下图可以发现，后一阶段专利申请主要集中在 2007 年之后，这可能与该公司的技术累积和国际上对 CCUS 技术日益关注有关。值得注意的是 2010 年后统计数量下降，这可能是因为某些专利申请尚未公开所致，而并非是专利申请数量的下降。

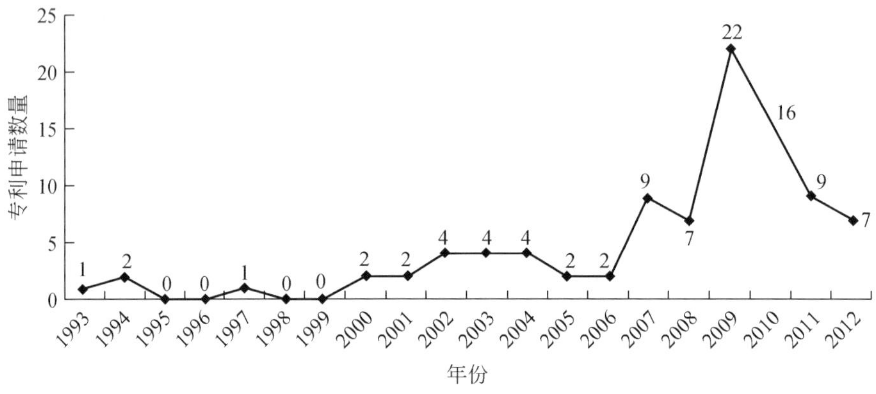

图 7-11 Air Liquide 年度趋势

3. Air Liquide 国家分布

分析 Air Liquide CO_2 压缩机技术领域的专利申请国分布情况可知，Air Liquide 在美国的专利申请数量最多为 35 项，其次是世界知识产权组织的 20 项，在中国也有较多的专利申请数量达 19 项，再次是法国的 9 项，同时在欧专局和日本也有一定的专利申请数量分别为 6 项和 4 项。由此可知，该公司在 CO_2 压缩技术领域的专利申请主要分布在美国、中国和世界知识产权组织。全球主要气体公司有林德集团（德国）、法国液化空气集团、美国普莱克斯集团、美国空气化学公司、美国 Airgas 公司等，可以看出法国液化集团主要竞争对手集中在美国，这也就与该公司在美国专利申请数量最多形成对照。至于该公司在中国专利申请数量较多，这主要是因为 CO_2 压缩技术的应用在中国有巨大的市场规模，而 Air

Liquide 进入中国市场较早，且业务规模不断扩大，有利于抢占中国技术市场。

4. Air Liquide 专利引证

表 7-6 为 Air Liquide 的前 8 项高引证专利相关信息。由表 7-6 可知该公司最高引证次数为 27 次，经计算前 8 的高引证平均引证数为 13 次。此前 8 项专利中，有 4 项专利在美国申请，还有 3 项来自世界知识产权组织。这 8 项专利均在 2000 ~ 2010 年进行专利申请，但在美国申请的 3 项专利保护期限均不足 7 年，在世界知识产权组织申请的 3 项专利保护期限则更短均在 2 ~ 3 年内。

重点分析专利公开号 US20110011128 可以发现，此专利虽优先权日为 2009 年 7 月 15 日，但被引证次数最高达 27 次，可初步推断此专利可能属于 CO_2 压缩技术领域中比较基础性的技术成果或专利价值较高的专利。同时此专利于 2012 年 8 月 14 日终止，即保护期限不足 4 年，结合上述分析判断，这可能与该公司内部管理不善有关，当然也不排除此专利可能被无效的原因。分析专利公开号 FR2884305 和 US20110239700 可知，此 2 项专利分别在法国和美国申请，预计其保护期限均约为 20 年，且专利价值均较高，因此可判断该公司十分注重这 2 项专利的保护，并且极可能为 Air Liquide 在 CO_2 压缩技术领域的重点专利。

表 7-6 Air LiquideTOP8 专利引证

向前引证专利数	专利号	专利名称	截止日期	优先权日期	专利强度
27	US20110011128	Process for the production of carbon dioxide utilizing a co-purge pressure swing adsorption unit	2012/8/14	2009/7/15	60th ~ 70th Percentile
20	US20090013868	Process and apparatus for the separation of a gaseous mixture	2011/10/11	2007/7/11	50th ~ 60th Percentile
18	FR2884305	Carbon dioxide separating method for iron and steel industry, involves receiving flow enriched in carbon dioxide from absorption unit, sending it towards homogenization unit and subjecting carbon dioxide to intermediate compression stage	2025/10/24	2005/4/8	60th ~ 70th Percentile
11	US20090298957	Method and installation for combined production of hydrogen and carbon dioxide	2011/9/20	2004/11/16	70th ~ 80th Percentile
9	US20110239700	Method of obtaining carbon dioxide from carbon dioxide-containing gas mixture	2030/7/1	2009/12/15	80th ~ 90th Percentile

续表

向前引证专利数	专利号	专利名称	截止日期	优先权日期	专利强度
9	WO2008099291	Improved CO_2 separation apparatus and process for oxy-combustion coal power plants	2009/8/16	2007/2/16	60th ~ 70th Percentile
9	WO2009007938	Process and apparatus for the separation of carbon dioxide from a gaseous mixture	2010/1/11	2007/7/11	40th ~ 50th Percentile
7	WO03069132	Integrated air separation and oxygen fired power generation system	2004/8/11	2002/2/11	40th ~ 50th Percentile

7.9.2 通用电气专利分析

1. 专利分类号分布

从图7-12中可以看出通用电气公司（General Electric Company）的 CO_2 压缩机技术主要集中在B01D53（气体或蒸气的分离；从气体中回收挥发性溶剂的蒸气；废气例如发动机废气、烟气、烟雾、烟道气或气溶胶的化学或生物净化）和F25J03（使用液化或固化作用进行分离气体混合物成分的方法或设备），这两大组的总占比为55%左右；两大组技术都涉及气体的分离，在碳捕获的过程中，无论是燃烧前、燃烧后、还是富氧燃烧都需要进行混合气体中 CO_2 的分离，而在分离过程中，压缩技术是必须要运用的，并且该公司在F02C03［以利用燃烧产物作为工作流体为特点的燃气轮机装置（通过间歇燃烧生成的入F02C5/00）］、F25J01（分离或液化设备里的冷交换器或蓄冷器的配置）等都有涉及对 CO_2 压缩机技术的专利。总体而言，通用电气公司在 CO_2 压缩机技术上的IPC分布范围比较广，涉及多个技术领域，说明该公司的创新突破多，相对有专利竞争优势。

2. General Electric Company 年度趋势

从年度趋势图7-13可以看出，该公司对 CO_2 压缩技术的研发起步相对于其他TOP8公司比较晚，并且从1983～1999年，该公司对于该技术的专利的申请处于申请量为零的阶段，说明在这个阶段该公司对于 CO_2 压缩机的研发力度不足，其申请主要集中在2009年之后，最多的一年申请量有23项，可能是因为在2009年该公司将旗下的6个业务集团合并为4个，其中就包括Energy Infrastructure

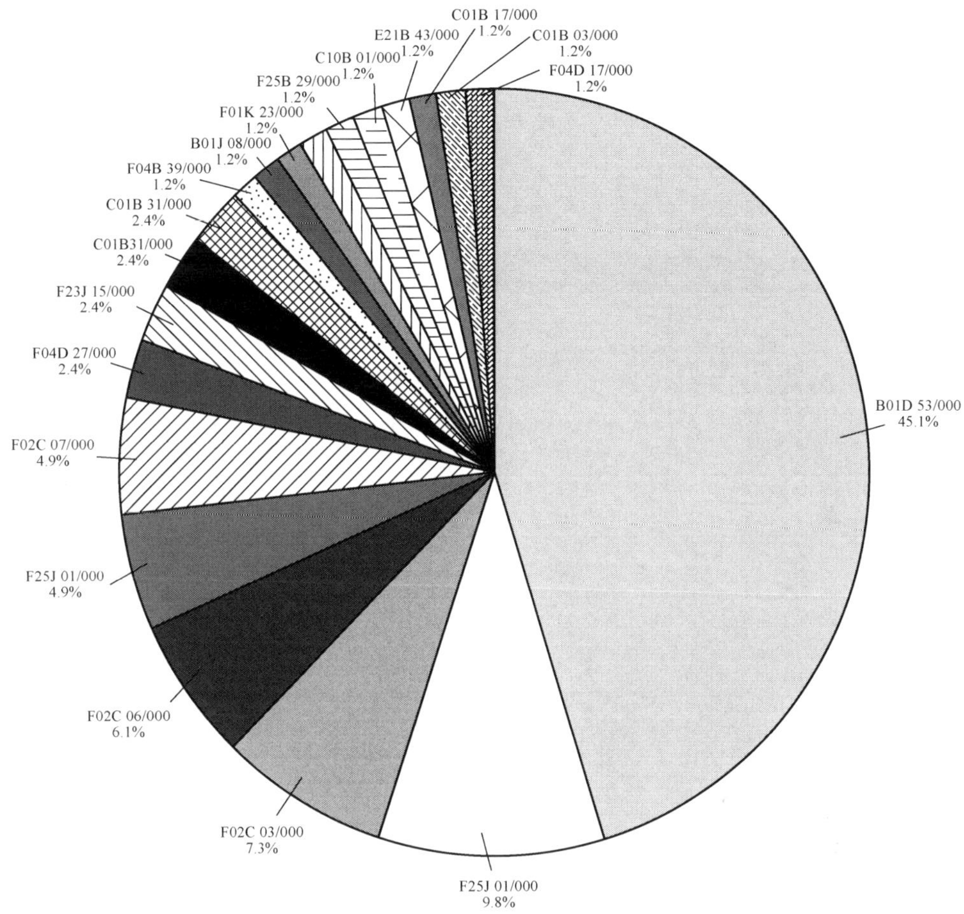

图 7-12　General Electric Company 的 IPC 分布

(能源、水处理、油气）公司，说明该公司加大了对该技术的投资和支持，促进了该技术的研发。

3. General Electric Company 国家分布

总部位于美国康涅狄格州费尔菲尔德市的通用电气公司（General Electric Company)，是美国也是世界上最大的电器和电子设备制造公司，旗下设有能源公司。该公司申请地区分布范围有美国、欧专局、中国、日本、加拿大、韩国等地区。该公司最重视美国本土市场，在美国的专利申请为 35 项，占比为 41% 左右，排名在第一；其次是欧专局，申请数量为 21 项，该公司在中国的专利有 16

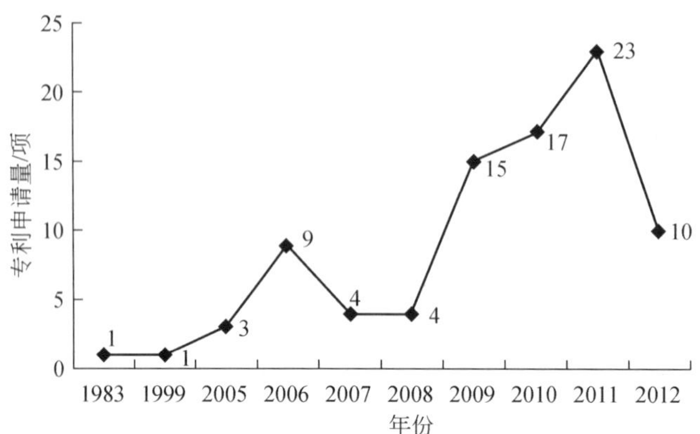

图 7-13　General Electric Company 的专利申请年度趋势

项，比重为 19% 左右，排名在第三，说明该公司对于中国的市场也是十分重视的。

4. General Electric Company 专利引证分析

对该公司 CO_2 压缩技术被引频次排前 8 的专利进行统计，如表 7-7 所示。通用电气的专利被引频次非常高，TOP8 专利的平均被引频次为 12 次，说明这些专利具有很高的价值或者是该领域的基础专利，且上述高引证专利申请时间最早在 1999 年，可以看出该公司对该领域的研发开始较晚，形成的基础专利不多。但是这些专利却被后面的专利频繁引用，说明这些专利可能是该领域的基础专利，或者是具有很高的技术研发价值。然而这些专利至今有 3 项失效，说明这 3 项专利进入公知领域，因此可以对这些技术进行利用。并且这 8 项专利的专利价值全部在 60 分以上，说明这些专利全是高价值的专利，对于该行业的发展具有重大意义，这 8 项专利全部是通用电气在美国申请的，在中国的高引证专利申请为零，说明该公司最重视本国的专利研究，对他国的专利布局开展较慢。

表 7-7　8 项高引证专利基本情况

向前引证专利数	专利号	专利名称	截止日期	优先权日期	专利强度
24	US20080104938	Systems and methods for power generation with carbon dioxide isolation	2010-6-22	2006-11-7	60th-70th Percentile
24	US20080104939	Systems and methods for power generation with carbon dioxide isolation	2011-3-1	2006-11-7	60th-70th Percentile

续表

向前引证专利数	专利号	专利名称	截止日期	优先权日期	专利强度
19	US7438129	Water treatment method for heavy oil production using calcium sulfate seed slurry evaporation	2020-5-8	1999-5-7	90th-100th Percentile
9	US20090095155	Systems and methods for carbon dioxide capture	2011-2-22	2007-10-10	60th-70th Percentile
7	EP1936128	Method and system for reducing CO_2 emissions in a combustion stream	2027-12-5	2006-12-11	80th-90th Percentile
7	EP2229996	Systems, methods, and apparatus for capturing CO_2 using a solvent	2030-3-8	2009-3-11	60th-70th Percentile
4	US20110033356	Systems and methods for treating a stream comprising an undesirable emission gas	2029-1-22	2009-1-22	60th-70th Percentile
3	US8007570	Systems, methods, and apparatus for capturing CO_2 using a solvent	2030-1-7	2009-3-11	70th-80th Percentile

7.10 CO_2压缩机重点专利分析

专利包括发明创造、实用新型和外观设计。其中发明专利的要求最高，一项发明要获得授权，不仅要求它不同于现有技术，即具有新颖性，还要求它相对于现有技术要有一定的技术进步，即要具有创造性。正因为如此，历史上许多对人类文明产生了巨大进步的技术都属于发明创造，特别是一些行业内的“开创性”技术，更是此行业发展的基础，后面的相关技术都是在这些基础上进行进一步的“发展”和“改进”。因此这些技术往往是极其重要的，富有研究价值，而这些“发展”和“改进”，体现在专利制度上，即是“被引次数”。在本书检索所得专利的基础上，选取“被引次数”居前的专利，是由于这些专利频繁地被其他专利参考、引证，应属于高价值专利，具有极高的研究价值，可进行重点研究。此外，本书依托的“INNOGRAPHY 检索系统”提供的“专利强度”功能可以筛选出重点专利。一般而言，专利强度越大，专利就越重要。这也与“被引次数”体现的高价值专利是一致的。这也从侧面印证了本书所选取的高价值专利是准确的。本章拟介绍这些专利的专利号、名称、权利人、申请时间、权利要求数量、专利强度、专利有效性、引证情况、转让情况和优先权日期，着重分析这些专利的引证情况（包括被引情况和施引情况）和同族专利以及专利有效的国家情况分析，以期发现有价值的结论。

表 7-8 CO_2压缩机重点专利

序号	专利号	名称	申请人	专利权人	申请时间	被引次数	涉诉次数	同族专利数	专利强度	专利有效性	是否转让
1	US6631617	Two stage hermetic carbon dioxide compressor	TECUMSEH PRODUCTS COMPANY, MICHIGAN	PNC BANK, NATIONAL ASSOCIATION, AS AGENT, OHIO	2002/6/27	26	0	5	90th ~ 100th Percentile	有效	有转让情况
2	US7958731	Systems and methods for combined thermal and compressed gas energy conversion systems	CREARE, INC., NEW HAMPSHIRE	SUSTAINX, INC., NEW HAMPSHIRE	2010/1/20	25	0	7	90th ~ 100th Percentile	有效	有转让情况
3	US6070404	Gaseous fuel compression and control method	Capstone Turbine Corporation	Capstone Turbine Corporation	1998/5/27	21	0	8	70th ~ 80th Percentile	有效	否
4	US6746215	Compressor	Mitsubishi Denki Kabushiki Kaisha	Mitsubishi Denki Kabushiki Kaisha	2002/6/26	14	0	9	80th ~ 90th Percentile	有效	否
5	US20100186439	Fluid machine and refrigeration cycle apparatus	PANASONIC CORPORATION	PANASONIC CORPORATION	2009/4/14	10	0	7	40th ~ 50th Percentile	无效(Application expired due to grant (US08408024 B2))	否

续表

序号	专利号	名称	申请人	专利权人	申请时间	被引次数	涉诉次数	同族专利数	专利强度	专利有效性	是否转让
6	US7967582	Compressor having capacity modulation system	EMERSON CLIMATE TECHNOLOGIES, INC.		2009/5/29	9	0	9	90th ~ 100th Percentile	有效	否
7	US7771180	Compressor and oil separation device therefor	LG ELECTRONICS INC.		2007/9/18	9	0	8	90th ~ 100th Percentile	有效	否
8	US8087260	Fluid machine and refrigeration cycle apparatus	PANASONIC CORPORATION		2008/1/16	9	0	8	80th ~ 90th Percentile	有效	否
9	US6752603	Compressor with sealing coat	Kabushiki KaishaToyota Jidoshokki		2002/3/8	8	0	5	50th ~ 60th Percentile	因未缴费而无效	否
10	US6351973	Internal motor drive liquid carbon dioxide agitation system	Micell Technologies, Inc.		2000/2/3	8	0	1	40th ~ 50th Percentile	因未缴费而无效	否

1. 重要单项专利解读——US6631617：Two stage hermetic carbon dioxide compressor

名称：二级密封的 CO_2 压缩机

摘要：一个两阶段的密闭型压缩机，使用 CO_2 作为工作流体压缩机具有两个隔离室。电机放置在含有排压 CO_2 气体的隔离室。驱动轴联接电机和压缩件。

创新点：以 CO_2 作为工作流体，能减少 CO_2 的排放，而且成本显著低于 CFCs 和 HCFC。

此专利的引用情况比较具有代表性，专利的引用和被引数量都比较可观：它是在 31 项引用专利的基础上提出来的，又被 39 项专利引用。在时间上，该专利引用的专利申请时间集中于 1991～2002 年，而此专利公开后，十年内即被大量引用，而且由图 7-14 可以看到，Dresser-Rand Company（全球涡轮设备解决方案的提供商，包括为一系列技术高级型离心往复式压气机、蒸汽和燃气涡轮、增强版、多相涡轮离析器、轻便空调机和控制系统的设计、生产和维修）在连续几年内对此专利进行了较为频繁的引用。而且专利权人 TECUMSEH PRODUCTS COMPANY，MICHIGAN 在此后的专利研发过程中亦对此专利进行引用，说明此公司在此专利的基础上进行了再次研发，构建外围专利。这也体现了该专利是一个较为重要的专利，因此专利权人才会对此专利进行布局。

分析此专利的同族专利情况，发现此专利有 5 项同族专利，分别为美国、法国及加拿大的专利，中国若有关于此项技术的产品出口到这些国家，应注意提前处理好专利问题，以免引起纠纷。

此专利自诞生之日起发生了多次转让情况：2005 年 10 月 25 日此专利被转让给 JPMORGAN CHASE BANK，N. A.，MICHIGAN，2006 年 6 月 27 日此专利又被转让给 CITICORP USA，INC.，NEW YORK，2008 年 4 月 30 日此专利被转让给 JPMORGAN CHASE BANK，N. A.，NEW YORK，最近的一次转让发生在 2011 年 4 月，这项专利又到了 PNC BANK，NATIONAL ASSOCIATION，AS AGENT，OHIO 的手中，频繁的转让情况说明了此项专利受到了企业的认可，它是一项对企业有重要意义的技术。

2. 重点专利分析—US7958731：Systems and methods for combined thermal and compressed gas energy conversion systems

名称：一项通过 GY 转换系统综合热量和压缩气体的方法和系统

摘要：具有压缩气体的量转换系统，用于能量的储存和再生。该系统具有热交换子系统，与汽缸组件或容器连通，来加热或冷却膨胀和压缩的气体。

此专利是在大量专利文献（682 项）的基础上研发出来的，而且同时被 64 项专利所引用，可见此专利在业内备受瞩目。此外，此专利的申请人是 CREARE，INC.，NEW HAMPSHIRE 公司，现在的专利权人是 SUSTAINX，INC.，NEW HAMPSHIRE，而且 SUSTAINX，INC.，NEW HAMPSHIRE 在此后的多项技术中都引用了此项专利，由此可见 SUSTAINX，INC.，NEW HAMPSHIRE 十分重视此项技术，不仅取得了此项技术的专利，而且在此后专利的基础上进行了充分的外围布局和技术再研发。

此项专利有 7 项同族专利，都集中在美国，说明美国是唯一有该项技术专利权的国家。考虑到此项技术的重要性，中国企业在研发上可以借鉴此项技术，但由于美国专利权受到完备保护的现状和 337 调查的存在，中国企业若要出口有关此项技术的产品到美国，应着重关注其中的专利问题。

此项专利有转让情况：2010 年 5 月 20 日，CREARE，INC.，NEW HAMPSHIRE 取得该技术的专利权，而几天后，即 5 月 26 日，SUSTAINX，INC.，NEW HAMPSHIRE 即取得了此技术的专利权，2011 年 3 月 14 日，此项专利又归于 CREARE，INC.，NEW HAMPSHIRE，而同日，SUSTAINX，INC.，NEW HAMPSHIRE 又成为了专利权人。

3. 重点专利分析—US6070404：Gaseous fuel compression and control method

名称：气体燃料压缩和控制方法

摘要：气态燃料压缩和控制系统利用一个螺旋式压缩机/涡轮机集成的永久磁铁电动机/发电机和转矩控制逆变器来压缩或膨胀气体燃料，精确地控制燃料的压力和流量，并精确地控制驱动气态燃料的操作（速度，燃烧温度和输出功率）。

创新点：利用气体燃料的发电机通常使用管道天然气发电。如果住宅区或者商业区的天然气泄漏或管道破裂，那么在较高压力下会释放大量的天然气，容易发生爆炸和火灾。而该专利可以解决上述问题。

此专利引用的专利数量较多，而它公开后也被引用了 23 次，时间主要集中在 2010 年之后，而 CCUS 技术是一项近几年才开始受到瞩目的新兴技术，CCUS 中的储存环节需要用上压缩环节，这也促使了 2010 年后此项技术开始受到关注并陆续被其他技术引用。而且除了权利人 Capstone Turbine Corporation 还有 Ener 公司和 Icr Turbine Engine Corporation 公司引用此项技术，这些公司的主要营业范围是节能产品。因此可以看出这项技术在节能领域有一定的重要性。

此专利有 8 项同族专利，主要分布于美国、澳大利亚、加拿大等国家，同时还有世界专利和欧洲专利。由此可见此项专利的保护范围十分广泛。权利人 Capstone Turbine Corporation 在研发此项专利时是有意将此项技术进行世界范围内的推广的，考虑到节能减排日益受到各个国家的重视，此公司事先进行世界范围的专利布局无疑是有前瞻性的。

7.11 本章小结

研发改善 CO_2 压缩机性能的技术将是提高 CCUS 系统成本效益的有效途径。本章检索全球范围内的 CO_2 压缩技术领域的 5356 项专利，对其进行专利分析，了解全球技术优势分布，为促进技术创新、指导技术转移等工作的开展做支撑。本章具体结论如下：

（1）从全球来看，中国、美国、欧洲、日本和英国是主要的专利来源国，中国是 CO_2 压缩机专利申请量最大的国家。从申请人国别来看，来自美国的发明人专利数量最多，有 707 项关于 CO_2 压缩机技术的专利申请，占专利总数的 37.97%。

（2）全球 CO_2 压缩机专利申请分为两个阶段。第一阶段（1994～2003 年）为起步期，该阶段全球开始出现少量的 CO_2 压缩机的专利申请。第二阶段（2004～2013 年）为发展期，该阶段 CO_2 压缩机专利申请量保持快速稳定增长。2009 年之后，全球 CO_2 压缩机技术进入了快速发展期。

（3）在 CO_2 压缩机 IPC 分布中，中国的技术研究范围与全球大致相同，但是在技术发展速度上，中国和全球相差甚远。

（4）与全球相比，中国的 CO_2 压缩机专利数量偏低。中国专利价值分布范围集中在 50 分以下，价值 60 分以上的专利数量明显较低。中国所有的目标专利都没有被引证过，说明专利影响力和技术水平还有待进一步提高。

（5）位于专利竞争力前 3 的专利权人是 Panasonic Corporation（日本）、Air Liquide（法国）和 General Electric Company（美国），且各专利权人技术竞争处于胶着状态，位于市场竞争力前 3 的专利权人是 Royal Dutch Shell Plc（荷兰）、Bp Plc（英国）和 Exxon Mobil Corporation（美国），排名前 10 的专利权人中没有一个中国专利权人。法国、美国和日本等发达国家非常注重中国市场的专利布局，以期占领更多的市场份额，获得更多的经济利益。

（6）法国液化空气集团、美国通用电气公司以及德国林德集团在 CO_2 压缩机上都有较多的专利申请，说明这几年上述公司在该技术领域的研发工作一直处于活跃状态，这些公司也是将来中国的相关企业要进入该技术领域时主要关注的对象。

第 8 章

CO_2 利用与封存领域重点专利分析——地质建模与预测技术

地质建模技术是地球科学领域的热点研究问题，应用十分广泛。地质建模的研究起于20世纪80年代（Christoffersson and Husebye，1979；Jervey，1988），它以沉积学、地质学构造、地质学储层、地质学等地质学理论为基础，以数学地质、地质统计学和油层物理学理论为研究手段，通过计算机描述油气藏及其内部结构的基本特征和空间分布，揭示油气分布规律、表征地质特征和油藏参数三维空间分布等（Turner and Gable，2007；Houlding，2012；王明华和白云，2006；宋海渤和黄旭日，2008）。地质建模是对储层沉积特征、储层非均质性、储层物性与流体特征的综合反映，可直接用于油藏工程设计与数值模拟计算，广泛用于石油、天然气、页岩气、CCUS 等资源开发领域（Kaufmann and Martin，2008；Wenling，2008；Jiang et al.，2013；Papiernik et al.，2015；贾爱林，2011）。随着 CO_2 安全、经济和有效的地质储存的发展，地质建模技术的重要性日益显现。

目前，地质建模大多引进国外软件和技术，国产软件和技术与国外相比尚存在不小的差距。国外地质建模的研究起步较早，已经形成了成熟的理论体系并开发出对应的商业软件，例如 GoCAD（三维地质建模软件）、Petrel（石油软件）、Earth Vision、Surpac Vision 等（Mallet，1992；吴永彬等，2007；罗周全等，2008）。GoCAD 是基于四面体模型，以工作流程为核心的建模软件；Petrel 是基于角点网格模型构建的多种信息共享平台。国内也开展地质建模相关研究，主要围绕三维地质建模理论体系和地质模型完善展开，建模方法多以四面体模型（苏幸和黄临平，2008；张渭军，2011；徐能雄，2009）和角点网格模型（刘红卫等，2006；韩峻等，2008；毛小平等，2012;）为研究对象，内容上或关注建模流程介绍而忽略关键技术和核心技术，或者注重建模技术细节阐述而忽略整体流程整合。地质建模核心技术的缺乏将严重制约中国相关领域的发展和示范项目的开展。

为了解地质建模与预测技术专利全球发展的最新态势，本章聚焦地质建模相关技术，通过对全球地质建模专利公开信息进行分析，揭示全球地质建模专利技术的现状和发展趋势，为中国在该重要技术领域中的研发和产业化提供有力的知识产权情报支撑。

8.1 数据来源和分析工具

本章主要分析全球的地质建模技术相关专利，选择汤森路透集团的德温特创新索引（Derwent Innovations Index，DII）专利数据库作为检索数据库。在相关文献调研和专家咨询的基础上，综合考虑技术领域关键词和有关分类号（IPC），设定检索策略。共检索到地质建模技术相关专利（族）309 项，数据检索时间为 2014 年 4 月 10 日。

在上述专利检索结果的基础上，利用 Thomson Data Analyzer 分析工具和 Aureka 分析平台进行专利数据挖掘和分析。分析方法包括：总体趋势分析、技术分布分析、主要国家分析、专利权人分析、专利保护分析、核心专利分析等。

8.2 地质建模与预测技术专利国际发展态势分析

图 8-1 为地质建模技术相关专利数量的年度变化趋势①。可以看出，地质建模技术相关专利的申请在 20 世纪 70 年代就已经出现，但在 2000 年之前发展都

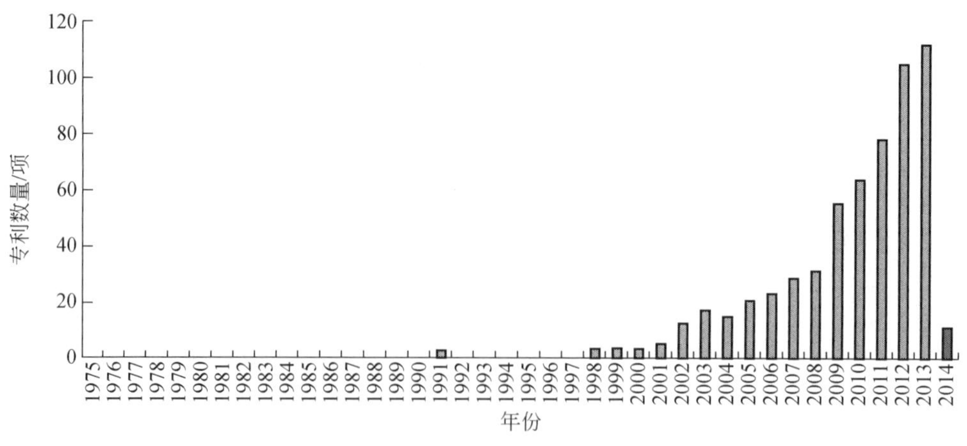

图 8-1 地质建模技术专利申请数量的年度变化趋势图

① 由于专利从申请到公开到数据库收录，会有一定时间的延迟，图中近两年，特别是 2014 年的数据会大幅小于实际数据，仅供参考。

比较缓慢，年度专利申请数量基本都不足10项。在2000年后，随着计算机技术的迅猛发展，地质建模软件快速发展，并成为国际上众多石油公司、研究所、大学竞相发展的技术。这一阶段，特别是2009年之后，地质建模技术专利每年申请数量都超过50项，并呈现出不断增长的态势，表明相关专利技术进入快速发展轨道。

图8-2分别给出了地质建模专利技术发明人及其相关技术条目（基于IPC小组①）的年度变化。从图中可以看出，近年来大量的发明人陆续涌入地质建模技术领域，这些新鲜血液将推动相关技术进一步的发展与扩散。同时，近年来地质建模领域每年都有一些新的技术条目出现，说明该领域的技术仍在不断革新，技术应用领域在不断地丰富和发展。

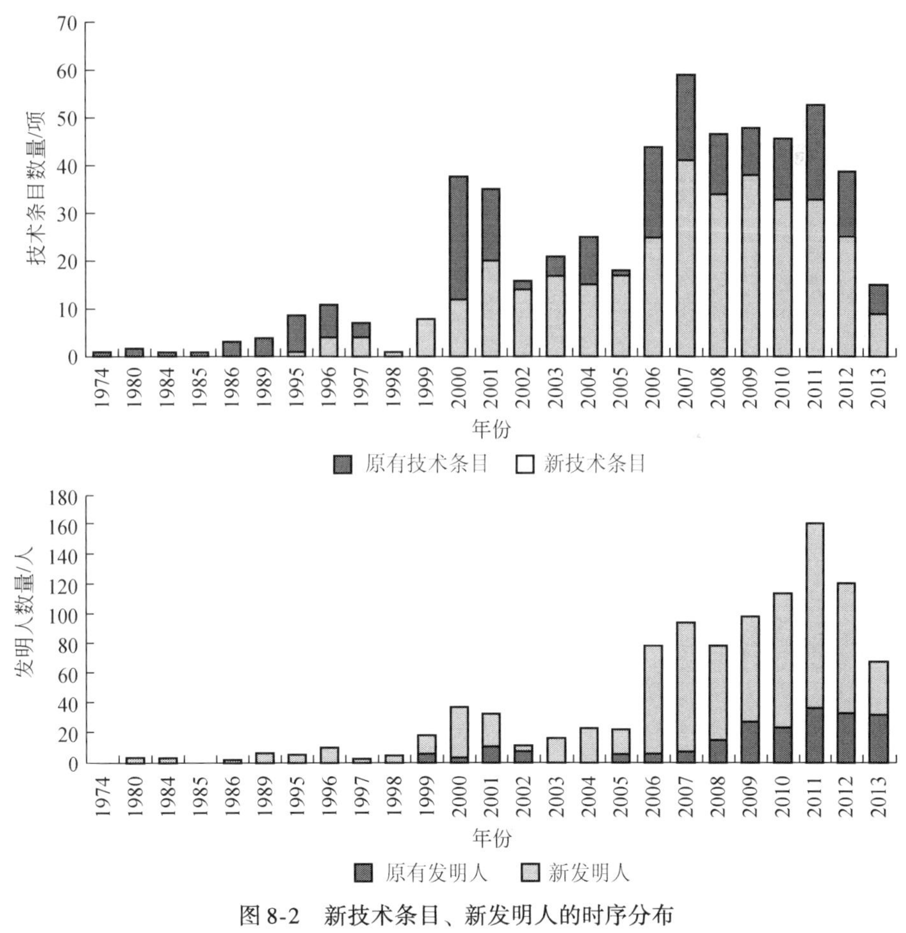

图8-2　新技术条目、新发明人的时序分布

① 国际专利分类号体系的等级结构为：部（1位，字母）大类（2位，数字）小类（1位，字母）-大组（3位，数字）/小组（2-3位，数字），例如A01B-063/10、A01B-063/111等。

8.3　地质建模与预测技术专利技术布局

国际专利分类号（IPC）包含了专利的技术信息，通过对地质建模技术相关专利进行 IPC 小组的统计分析，可以了解、分析地质建模技术专利主要涉及的技术领域和技术重点。图 8-3 列出了地质建模技术专利申请量大于 20 的前 10 个专利技术领域及其申请情况。可以看出，地质建模技术专利技术主要集中在地球物理中地震数据的处理（22.33%①）、用于特定的过程、系统或设备的模拟计算机（21.68%）以及专门适用于特定应用的数字计算或数据处理的设备或方法（16.50%）上。地质建模技术可以分为以下几个方向：①地质勘测方法和数据收集，例如地球物理中地震数据的处理；综合技术手段进行勘探或探测；地震、声学、光学外的方法勘探或探测等，主要分类号包括 G01V-001/28、G01V-011/00、G01V-001/00、G01V-009/00、G01V-001/30 等；②地质建模设计和数据处理方法，例如专门适用于特定应用的数字计算或数据处理的设备或方法、计算机辅助设计、复杂数学运算的数据处理等，主要分类号包括 G06F-019/00、G06F-017/50、G06F-017/10 等；③地质建模设备，例如用于地质建模的特定过程、系统或设备的模拟计算机、通过改变电量或磁量执行计算操作的器件等，主要分类号包括 G06G-007/48 等。

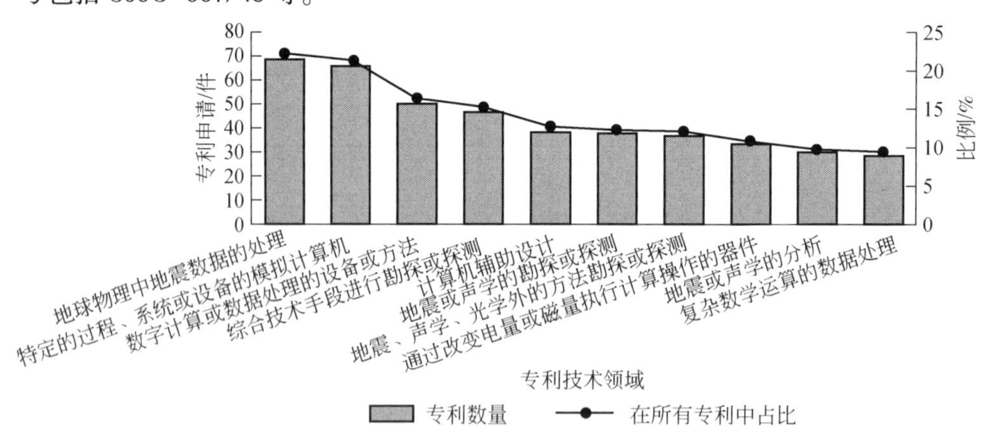

图 8-3　IPC 分类小组的前 10 个专利技术领域

利用 Aureka 平台的 Thememap 功能，对地质建模专利技术的研究布局进行了

① 相关技术领域（基于 IPC 小组）专利数量在专利总量中的占比。

分析，地质建模专利的热点技术领域包括：①地质勘测方法和数据收集，如微震探测、脉冲波等。②地质建模设计和数据处理方法，如三维信息分析、统计准则、可接受调节条件、转移函数、可视化网络等。③地质建模输出信息，包括地质结构特征、压力、毛细压力、最优井位置等。④地质建模设备。

表 8-1　IPC 分类小组的前 10 个专利技术领域及其申请情况

IPC 分类小组	申请量（项）	技术领域	涉及年份	近 3 年申请量占总量百分比
G01V-001/28	69	地球物理中地震数据的处理	1989～2013	22% of 69
G06G-007/48	67	用于特定的过程、系统或设备的模拟计算机	2000～2011	21% of 67
G06F-019/00	51	专门适用于特定应用的数字计算或数据处理的设备或方法	1995～2013	24% of 51
G01V-011/00	47	综合技术手段进行勘探或探测	1995～2012	15% of 47
G06F-017/50	39	计算机辅助设计	2000～2012	38% of 39
G01V-001/00	38	地震或声学的勘探或探测	1986～2012	16% of 38
G01V-009/00	37	地震、声学、光学外的方法勘探或探测	1995～2012	24% of 37
G06G-007/00	33	通过改变电量或磁量执行计算操作的器件	2000～2009	0% of 33
G01V-001/30	30	地震或声学的分析	1995～2012	20% of 30
G06F-017/10	29	复杂数学运算的数据处理	2000～2011	10% of 29

8.4　主要国家地质建模与预测技术专利情况分析

8.4.1　主要国家专利发展概况

图 8-4 给出了地质建模相关专利受理数量不少于 15 件的前 9 位国家/地区（基于同族专利国）的排名情况。可以看出，地质建模相关专利受理数量最多的国家/地区依次是：美国、中国、加拿大、澳大利亚、挪威、法国、英国、墨西哥、俄罗斯。而从优先权专利的数量大致可以看出，这些国家地区也是地质建模相关专利的主要申请国家。特别是美国，其专利受理数量超过 150 项，优先权专利数量超过 120 项，占到全球总量的 40% 以上，大幅领先于其他国家/地区，显示出美国在地质建模相关技术领域中的全球领导地位。

图 8-5 给出了地质建模相关专利受理数量不少于 15 项的前 9 位国家/地区的专利数量的年度分布情况。近年来，各个国家/地区在地质建模专利数量上都呈

现出增长的态势。美国地质建模相关专利受理起步很早，年度变化趋势与全球总体趋势基本一致，而且在1975～2013年期间其年度受理量一直位居全球第一。中国和加拿大是地质建模专利领域的后起之秀，2005年后相关专利数量快速上升。澳大利亚、挪威、法国、英国等国家/地区在2005年后的专利数量也都增长较快。

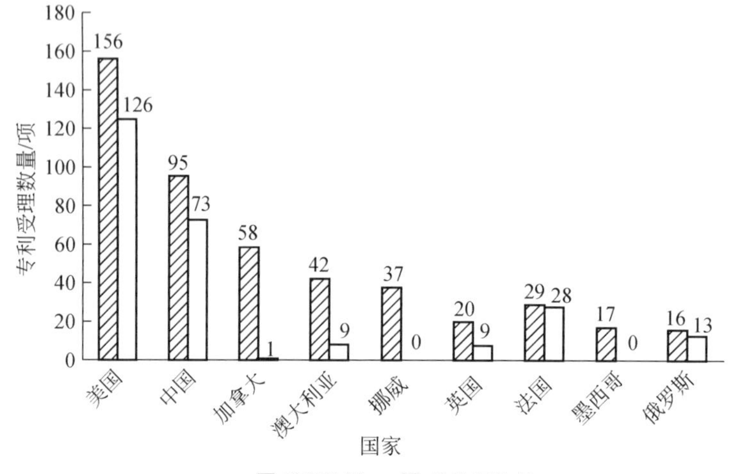

图8-4 地质建模专利受理量居前10位的国家/地区

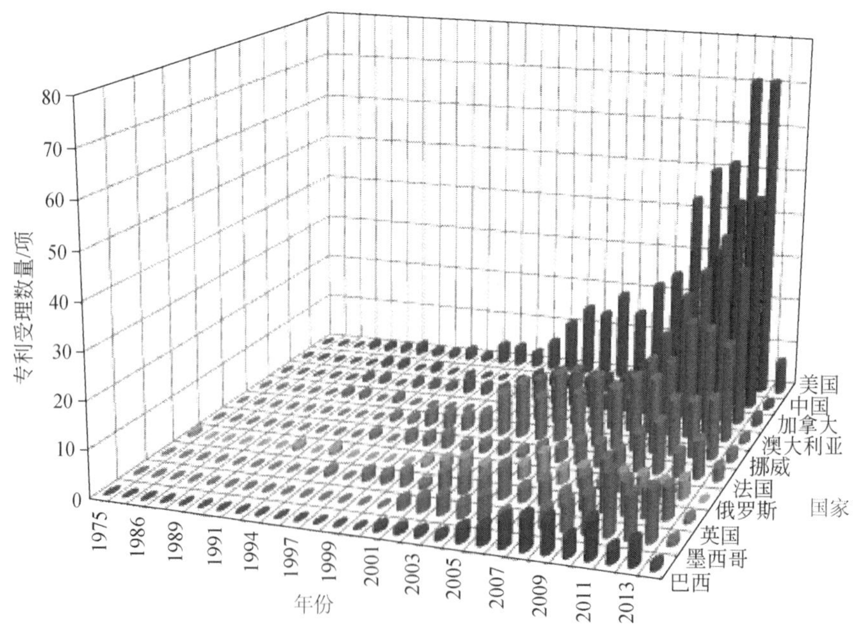

图8-5 地质建模专利受理量居前10位的国家/地区受理量年度分布

8.4.2 主要国家专利技术分布及侧重分析

图8-6给出了地质建模优先权专利多于5项的前6个主要国家/地区（美国，中国，法国，俄罗斯，澳大利亚，英国，基于优先权国）在地质建模领域的技术布局情况。可以看出，主要国家/地区技术构成相似度不高，各国关注的重点有所差别。美国各个领域关注较为均衡；中国和英国较为关注地球物理中地震数据的处理；法国和俄罗斯较为关注综合技术手段进行勘探或探测。

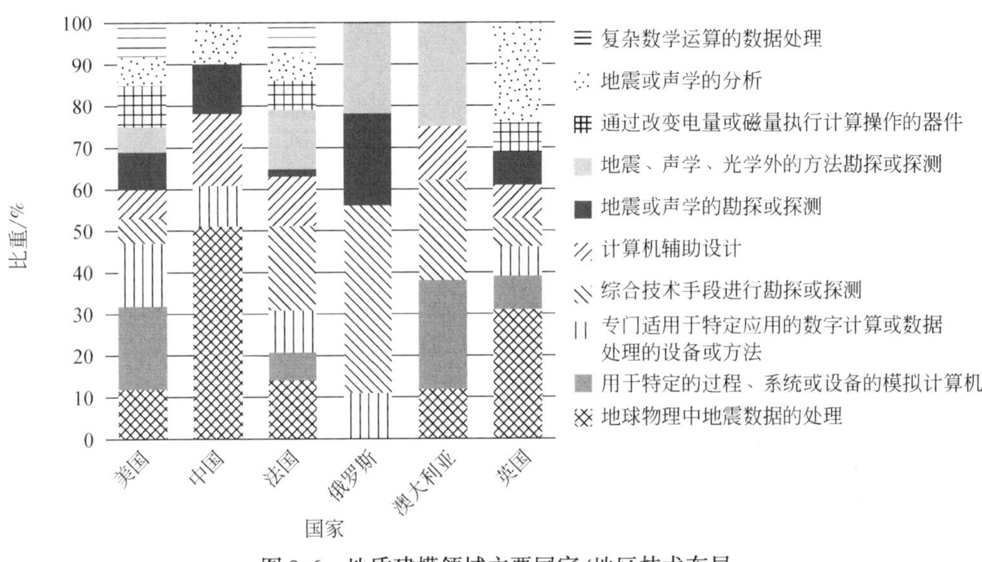

图8-6 地质建模领域主要国家/地区技术布局

具体来看，美国共有138项优先权专利，在各个主要领域专利数量排名都靠前，显示出在地质建模领域的超强实力。美国在用于特定的过程、系统或设备的模拟计算机、专门适用于特定应用的数字计算或数据处理的设备或方法、地球物理中地震数据的处理，例如，分析、用于解释、用于校正等技术领域申请数量比较多；在多道程序装置、钻孔或井中取流体试样或测试液体、专用于测井记录的技术、两个或多个数字计算机的组合、专用于水覆盖区域的勘探或探测等方面具有独特的技术优势；另外还比较关注地质建模设备，如用于特定的过程、系统或设备的模拟计算机，通过改变电量或磁量执行计算操作的器件，用于分布网络的模拟计算机等。

中国共有82项优先权专利，近三年专利数所占比例达到60%。中国相关专利主要集中在地球物理中地震数据的处理、地理模型、井壁和地层测试以及液体取样方法或设备等领域。中国在地震仪、地震检波器等接受元件、井的特殊布置等方面具有独特的技术；近期，在专门适用于特定应用的数字计算或数据处理的设备或方法有弱化趋势，在地震、声学、光学外方法和综合方法地质勘探和探测方面重视不够。

法国共有 32 项优先权专利，主要集中在综合技术手段进行勘探或探测、地球物理中地震数据的处理以及地震、声学、光学外的方法勘探或探测方面。法国在通过受限制的通道测定流动特性、基于特定数学模式的计算机系统方面具有独特优势；近期比较关注地震、声学、光学外方法和综合方法地质勘探和探测技术，以及计算机辅助设计。

表 8-2　地质建模领域主要国家专利技术分布情况

国家	优先权专利数量	近三年专利数所占比例	TOP 专利技术	独特的专利技术	变化快的专利技术
美国	138	20%	用于特定的过程、系统或设备的模拟计算机［53］；专门适用于特定应用的数字计算或数据处理的设备或方法［34］；地球物理中地震数据的处理，例如，分析、用于解释、用于校正［33］	多道程序装置［6］；在钻孔或井中取流体试样或测试液体［5］；专用于测井记录的技术［5］；两个或多个数字计算机的组合，其中每台至少具有一个运算器、一个程序器及一个寄存器，例如，用于数个程序的同时处理［4］；专用于水覆盖区域的勘探或探测［3］；资源分配，例如，中央处理单元［3］；错误检测校正［3］等	用于特定的过程、系统或设备的模拟计算机↑；通过改变电量或磁量执行计算操作的器件↑； 用于分布网络的模拟计算机↑
中国	82	61%	地球物理中地震数据的处理，例如，分析、用于解释、用于校正［16］；地理模型［7］；测试井壁的性质；地层测试；专用于地表钻进或钻井以便取得表土或井中液体试样的方法或设备［7］	使用化学品或细菌活动开采油气等［3］；地震仪、地震检波器等接受元件［3］；井的特殊布置［2］等	专门适用于特定应用的数字计算或数据处理的设备或方法↓；地震、声学、光学外的方法勘探或探测↓；综合技术手段进行勘探或探测↓
法国	32	22%	综合技术手段进行勘探或探测［19］；地球物理中地震数据的处理，例如，分析、用于解释、用于校正［14］；地震、声学、光学外的方法勘探或探测［13］	通过受限制的通道测定流动特性［2］；基于特定数学模式的计算机系统［2］	综合技术手段进行勘探或探测↑；地震、声学、光学外的方法勘探或探测↑；计算机辅助设计↑

国家	优先权专利数量	近三年专利数所占比例	TOP 专利技术	独特的专利技术	变化快的专利技术
俄罗斯	18	6%	综合技术手段进行勘探或探测［4］；钻进中提高开采碳氧化合物的方法［3］；测试井壁的性质；地层测试；专用于地表钻进或钻井以便取得表土或井中液体试样的方法或设备［2］；地震或声学的勘探或探测［2］；测量引力场或波以及重力勘探或探测［2］；地震、声学、光学外的方法勘探或探测［2］	钻进中提高开采碳氧化合物的方法［3］；测量引力场或波以及重力勘探或探测［2］	钻进中提高开采碳氧化合物的方法↑；测量引力场或波以及重力勘探或探测↑；地球物理中地震数据的处理，例如，分析、用于解释、用于校正↓
澳大利亚	9	11%	用于特定的过程、系统或设备的模拟计算机［2］；测量钻孔或井［2］；钻进其他的设备或零件［2］；从井中开采油、气、水、可溶解或可熔化物质或矿物泥浆的方法或设备［2］；专用于测井记录［2］；地震、声学、光学外的方法勘探或探测［2］；处理探测数据［2］；测试井壁的性质；地层测试；专用于地表钻进或钻井以便取得表土或井中液体试样的方法或设备［2］；综合技术手段进行勘探或探测［2］		钻进其他的设备或零件↑；处理探测数据↑
英国	9	11%	地球物理中地震数据的处理，例如，分析、用于解释、用于校正［4］；地球物理测量的其他技术主题［3］；地震或声学的分析［3］		地球物理测量的其他技术主题↑；线框绘图↑；测试用样品的制备↑

注：“［ ］”内的数字表示该专利技术下的专利数量，如“用于特定的过程、系统或设备的模拟计算机［53］”表示用于特定的过程、系统或设备的模拟计算机专利技术的专利数量为53项，下同。

8.5 地质建模与预测技术专利权人和发明人分析

8.5.1 主要专利权人概况

图8-7给出了专利申请数量不少于5项的前13个专利申请人。这些专利申请人都为机构，8个来自美国，2个来自中国，法国、挪威、沙特阿拉伯各1个。其中，美国包括4家油气行业公司（斯伦贝谢公司、埃克森美孚公司、雪佛龙公司、康菲石油公司）和4家IT行业公司（IBM公司、LANDMARK图像公司、LOGINED公司、PRAD研究与发展公司）；中国包括两家油气行业公司（中国石油、中国石化）；法国包括1家科研机构（法国石油研究院）；挪威和沙特阿拉伯都是油气行业公司（挪威国家石油公司、沙特阿拉伯石油公司）。可以看出，专利申请人大部分为油气行业大企业，小部分为IT企业。

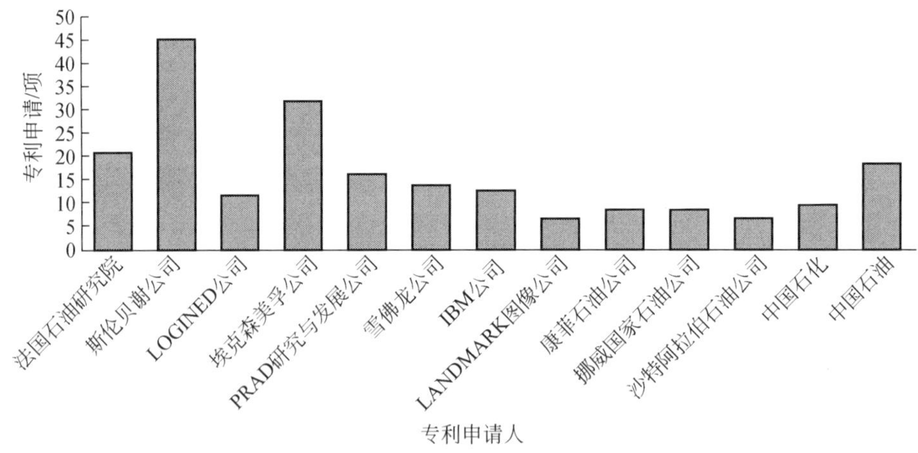

图8-7 主要专利申请人专利数量

从表8-3可以看出，斯伦贝谢公司（46项）、埃克森美孚公司（32项）和法国石油研究院（21项）专利数量分别排在专利申请人的前三名。这些主要专利申请人大多为国外机构，中国机构主要有中国石油（19项）、中国石化（10项），但在专利数量上与前三名仍存在着一定差距。

斯伦贝谢公司专利数量占到全部专利总量的14.89%，在地质建模领域领先其他企业。斯伦贝谢公司在用于特定的过程、系统或设备的模拟计算机、地球物理中地震数据的处理、专门适用于特定应用的数字计算或数据处理的设备或方法等技术领域申请数量较多；在地质工程行政管理方面拥有独特技术；近期比较关注井壁和地层测试以及液体取样方法或设备、地震记录的显示、用于特定的过程、系统或设备的模拟计算机等方面的技术。

埃克森美孚公司专利数量占到全部专利总量的 10.36%，其专利较集中在地质建模设备，例如用于地质建模的特定过程、系统或设备的模拟计算机、通过改变电量或磁量执行计算操作的器件等，还关注专门适用于特定应用的数字计算或数据处理的设备或方法；近期关注的重点仍是地质建模设备，另外在用于分布网络的模拟计算机等方面有强化趋势。

法国石油研究院专利数量占到全部专利总量的6.80%，其专利大多集中在地质勘测方法和数据收集方面，如综合技术手段进行勘探或探测、地球物理中地震数据的处理、地震、声学、光学外的方法勘探或探测；近期除了关注综合技术手段和地震、声学、光学外的方法勘探或探测等技术外，还关注用于流体流的模拟器技术。

表 8-3 主要专利申请人专利技术分布情况

所属国家	专利申请人	专利数量	专利排名	其占全部专利比例	TOP 技术领域	独特技术领域	变化快的技术领域
法国	法国石油研究院	21	3	6.80%	综合技术手段进行勘探或探测［15］；地球物理中地震数据的处理，例如，分析、用于解释、用于校正［11］；地震、声学、光学外的方法勘探或探测［11］		综合技术手段进行勘探或探测 ↑；地震、声学、光学外的方法勘探或探测↑；用于流体流的模拟器↑
美国	斯伦贝谢公司	46	1	14.89%	用于特定的过程、系统或设备的模拟计算机［18］；地球物理中地震数据的处理，例如，分析、用于解释、用于校正［15］；专门适用于特定应用的数字计算或数据处理的设备或方法［14］	地质工程行政管理［3］	测试井壁的性质；地层测试；专用于地表钻进或钻井以便取得表土或井中液体试样的方法或设备↑；地震记录的显示↑；用于特定的过程、系统或设备的模拟计算机↑

所属国家	专利申请人	专利数量	专利排名	其占全部专利比例	TOP 技术领域	独特技术领域	变化快的技术领域
美国	LOGINED 公司	12	8	3.88%	用于特定的过程、系统或设备的模拟计算机［9］；地球物理中地震数据的处理，例如，分析、用于解释、用于校正［5］；专门适用于特定应用的数字计算或数据处理的设备或方法［5］		用于特定的过程、系统或设备的模拟计算机↑；用于分布网络的模拟计算机↑；地震记录的显示↑
	埃克森美孚公司	32	2	10.36%	用于特定的过程、系统或设备的模拟计算机［19］；通过改变电量或磁量执行计算操作的器件［11］；专门适用于特定应用的数字计算或数据处理的设备或方法［9］		用于特定的过程、系统或设备的模拟计算机↑；通过改变电量或磁量执行计算操作的器件↑；用于分布网络的模拟计算机↑
	PRAD 研究与发展公司	17	5	5.50%	用于特定的过程、系统或设备的模拟计算机［10］；专门适用于特定应用的数字计算或数据处理的设备或方法［9］；地震、声学、光学外的方法勘探或探测［6］		用于特定的过程、系统或设备的模拟计算机↑；专门适用于特定应用的数字计算或数据处理的设备或方法↑；测量井眼的，例如利用地磁学↑
	雪佛龙公司	14	6	4.53%	用于特定的过程、系统或设备的模拟计算机［8］；专门适用于特定应用的数字计算或数据处理的设备或方法［7］；计算机辅助设计［5］；地震、声学、光学外的方法勘探或探测［5］		用于特定的过程、系统或设备的模拟计算机↑；专门适用于特定应用的数字计算或数据处理的设备或方法↑；用于分布网络的模拟计算机↑
	IBM 公司	13	7	4.21%	多道程序装置［6］；两个或多个数字计算机的组合，其中每台至少具有一个运算器、一个程序器及一个寄存器，例如，用于数个程序的同时处理［4］；资源分配，例如，中央处理单元［3］		多道程序装置↑；两个或多个数字计算机的组合，其中每台至少具有一个运算器、一个程序器及一个寄存器，例如，用于数个程序的同时处理↑；资源分配，例如，中央处理单元↑

续表

所属国家	专利申请人	专利数量	专利排名	其占全部专利比例	TOP 技术领域	独特技术领域	变化快的技术领域
美国	LANDMARK 图像公司	7	12	2.27%	地震或声学的勘探或探测［3］；处理探测数据［2］；地震、声学、光学外的方法勘探或探测［2］；地球物理中地震数据的处理，例如，分析、用于解释、用于校正［2］		处理探测数据↑；地震或声学的勘探或探测↑
	康菲石油公司	9	10	2.91%	复杂数学运算的数据处理［4］；接收元件的配置［3］；地球物理中地震数据的处理，例如，分析、用于解释、用于校正［3］		接收元件的配置↑；专用于被水覆盖的区域的勘探或探测↑；复杂数学运算的数据处理↑
挪威	挪威国家石油公司	9	11	2.91%	地球物理中地震数据的处理，例如，分析、用于解释、用于校正［3］；地震或声学的分析［3］；综合技术手段进行勘探或探测［2］；线框绘图［2］		线框绘图↑；测试用样品的制备↑；地震或声学的分析↑
沙特	沙特阿拉伯石油公司	7	13	2.27%	用于特定的过程、系统或设备的模拟计算机［5］；测试井壁的性质；地层测试；专用于地表钻进或钻井以便取得表土或井中液体试样的方法或设备［3］；其他探测技术主题［3］		用于特定的过程、系统或设备的模拟计算机↑；测试井壁的性质；地层测试；专用于地表钻进或钻井以便取得表土或井中液体试样的方法或设备↑
中国	中国石化	10	9	3.24%	地震或声学的勘探或探测［4］；地球物理中地震数据的处理，例如，分析、用于解释、用于校正［2］；地质学的科学模型［2］		地质学的科学模型↑；地震或声学的勘探或探测↑；用于封堵井眼、裂隙或类似情况的注水泥方法或装置↑

续表

所属国家	专利申请人	专利数量	专利排名	其占全部专利比例	TOP 技术领域	独特技术领域	变化快的技术领域
中国	中国石油	19	4	6.15%	地球物理中地震数据的处理，例如，分析、用于解释、用于校正 [6]；测试井壁的性质；地层测试；专用于地表钻进或钻井以便取得表土或井中液体试样的方法或设备 [4]；测量钻孔或井 [3]	使用化学品或细菌活动开采油气等 [2]	用于特定的过程、系统或设备的模拟计算机↓；使用化学品或细菌活动开采油气等↑；专门适用于特定应用的数字计算或数据处理的设备或方法↓

8.5.2 主要专利权人间的合作关系

图 8-8 是主要机构申请人间的合作关系。主要机构合作体现在美国斯伦贝谢公司、LOGINED 公司、雪佛龙公司、PRAD 研究与发展公司之间，且较多采用油气行业公司和 IT 行业公司合作的方式。油气行业的斯伦贝谢公司和雪佛龙公司除与 IT 行业公司合作外，还单独拥有较多地质建模专利，表明这些油气大企业已一定程度满足地质建模开发的 IT 技术要求。而其他机构之间则很少有合作。所以总体来看，目前主要地质建模专利申请人之间的合作还是比较少的，大多都是美国几家机构间的合作。

8.5.3 主要机构申请人专利申请的保护区域

专利保护区域及范围是专利申请人/专利权人对其专利技术进行目标区域保护及市场占有规划的重要反映，专利保护区域越广、保护范围越宽，专利技术潜在的市场占有范围也越大。表 8-4 给出了地质建模主要专利申请人专利申请的保护区域分布情况。

首先，各主要机构表现出对 PCT（Patent Cooperation Treaty，专利合作条约）专利申请的普遍重视，除中国机构外的所有主要机构都申请了 PCT 专利，其中申请 PCT 专利最多的机构包括斯伦贝谢公司、埃克森美孚公司、法国石油研究院、PRAD 研究与发展公司等。其次，各主要机构在专利技术保护区域规划方面，表现出以本国市场为主兼顾国际市场的布局特点。除中国机构外，主要机构专利保护区域都达到 6 个国家（地区）以上，基本都涉及世界知识产权组织、美国、欧

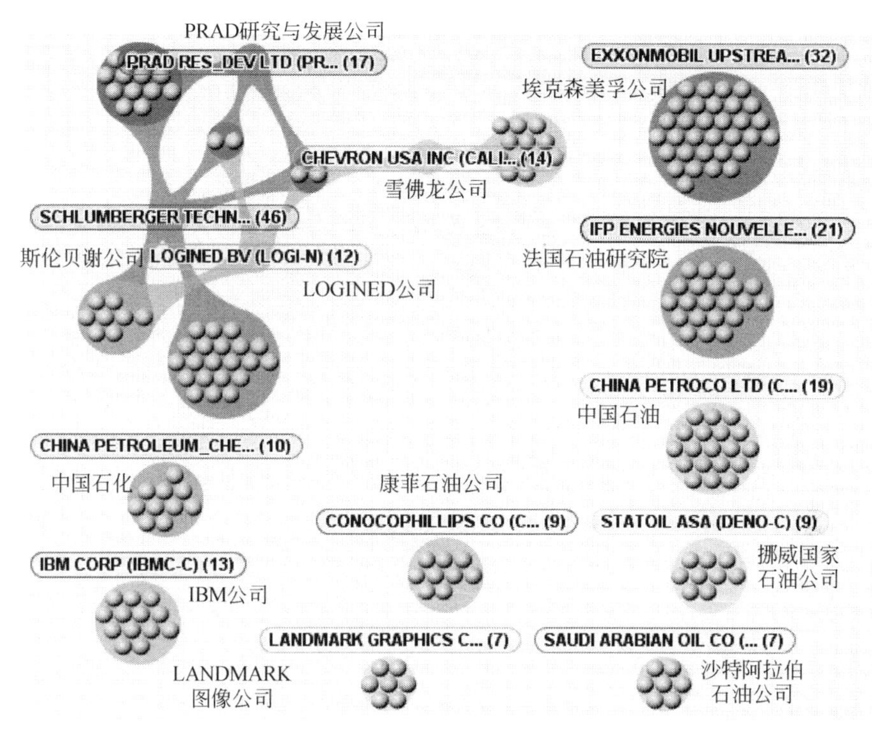

图 8-8　主要机构申请人间的合作关系

专局、加拿大，并大多在 CCUS 开展较为活跃的国家（地区）申请专利。其中斯伦贝谢公司、埃克森美孚公司、PRAD 研究与发展公司等国外机构十分重视专利技术保护，在区域保护方面都有很好的表现。而中国专利申请人专利保护区域范围普遍较窄，基本都没有为其地质建模专利申请国外保护。同时，美国主要机构都在中国申请了专利，除中国石油（19 项）和中国石化（10 项）等中国企业外，雪佛龙公司申请数量最多，达到 7 项，埃克森美孚公司达到 6 项；值得注意的是，除美国外的其他国家主要机构尚未在中国申请地质建模相关专利。

表 8-4　主要机构申请人专利申请的保护区域

专利保护区域 / 专利申请数量/项 / 专利申请人	美国	中国	WO	欧专局	加拿大	澳大利亚	挪威	法国	俄罗斯	英国	墨西哥
斯伦贝谢公司	41	4	21	10	14	10	15	5	2	9	11
埃克森美孚公司	28	6	30	21	19	16	9		1	1	
法国石油研究院	19			14	8		11	21		5	

续表

专利申请人 \ 专利保护区域（专利申请数量/项）	美国	中国	WO	欧专局	加拿大	澳大利亚	挪威	法国	俄罗斯	英国	墨西哥
中国石油		19									
PRAD 研究与发展公司	16	3	16	5	6	6	4			3	9
雪佛龙公司	14	7	12	7	9	8	1			1	4
IBM 公司	13	1	1								
LOGINED 公司	12	1	4	4	5	2	7	1		4	2
中国石化		10									
康菲石油公司	8	2	4	3	4	3					
挪威国家石油公司	5		6	2	3		2		1	4	
LANDMARK 图像公司	7	4	5	5	4	4					4
沙特阿拉伯石油公司	7		7	2	1		1			1	

8.5.4 专利发明人之间的合作关系

图 8-9 是专利数量大于 3 的发明人间的合作关系。斯伦贝谢公司发明人数量较多但是专利数量大于 3 的发明人数量较少，且并没有形成很好的合作群体。因此，图上显示的斯伦贝谢公司有影响的方面人较少。埃克森美孚公司发明人数量较多，且合作密切。其次，法国石油研究院发明人数量也较多，开展的合作也较为密切。

表 8-5 是专利数量较多的主要发明人的情况。国外方面，来自埃克森美孚的 Thomas Sun 拥有专利数量最多，达到 7 项，其重点研究领域为油气开采的三维地质建模，其主要合作者包括埃克森美孚 Li D、Ghayour K、Donofrio C J、Van Wagoner J C、Imhof M、Deffenbaugh M 等。斯伦贝谢公司的发明者较为分散，其中 Gurpinar O M 和 Pantella P W、Rossi D J、Verma V B 等共同拥有 3 项专利，重点研究领域为储层开发优化。来自 IBM 的 David L. Darrington 拥有 6 项专利，主要合作者包括 Barsness E L、Santosuosso J M、Peters A E 等，重点研究领域基于服务可用性的进程迁移。

国内，中国石油发明者研究领域涉及二维空间地质构造方法、三维观测系统测试方法等，但发明者并没有形成固定的合作群体，且没有突出的群体核心发明人。中国石化方面，主要合作者有任旭虎、王永诗、郝雪峰、杨磊、熊伟、王心刚、崔营滨等，重点研究领域为地质模拟实验装置。

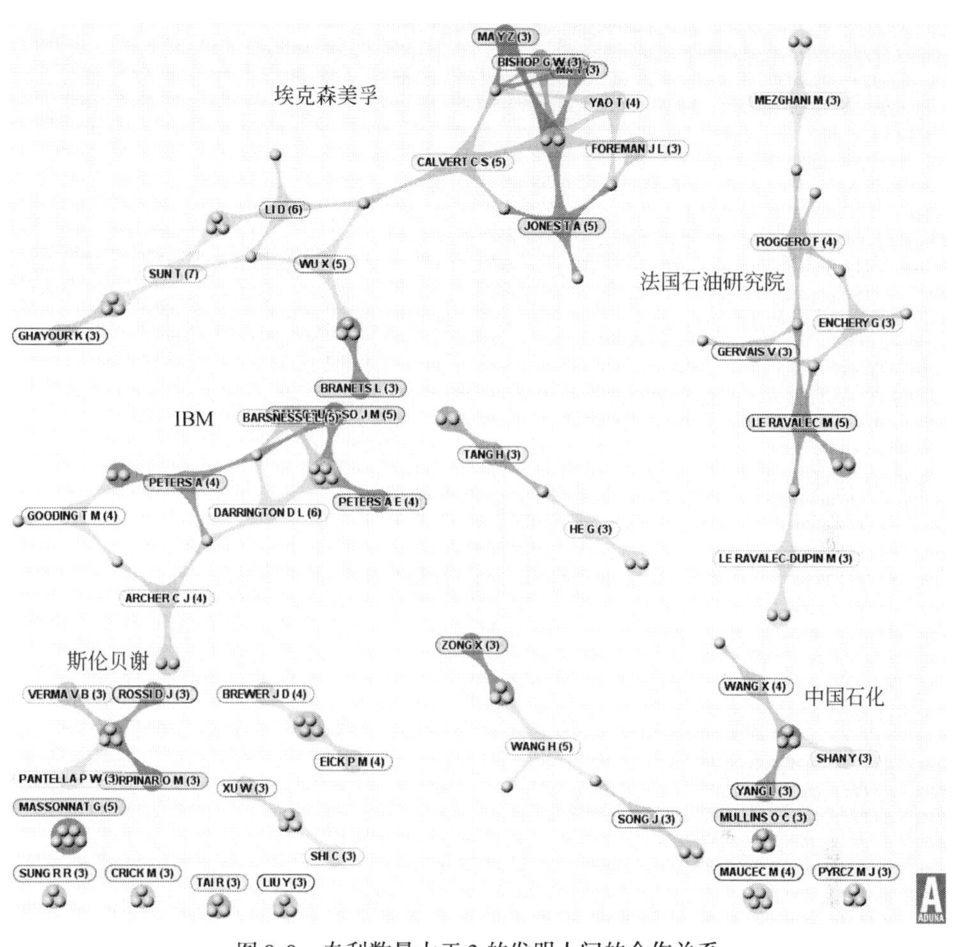

图 8-9　专利数量大于 3 的发明人间的合作关系

表 8-5　主要合作发明人群体情况

群体核心发明人	群体主要发明人	机构	重要专利	代表论文	重点研究领域
Thomas Sun	Li D、Ghayour K、Donofrio C J、Van Wagoner J C、Imhof M、Deffenbaugh M 等	埃克森美孚	WO 2010123596 WO 2006031383 WO 2006007466 WO 2010104537	Sun T, Ghayour K, Miller J. 2008. Process- Based Modeling of Deep- Water Depositional Systems. In GEO 2008.	油气开采的三维地质建模
Gurpinar O M	Pantella P W、Rossi D J、Verma V B 等	斯伦贝谢	WO 200162603 AU 2006235886 AU 2006235884	Gurpinar O M, Kossack C A 2000. Realistic numerical models for fractured reservoirs. SPE Journal, 5(04): 485-491.	储层开发优化

续表

群体核心发明人	群体主要发明人	机构	重要专利	代表论文	重点研究领域
David L. Darrington	Barsness E L、Santosuosso J M、Peters A E 等	IBM	US 2009320023 US 2009067334		基于服务可用性的进程迁移
单亦先	王永诗、郝雪峰、杨磊、熊伟、王心刚、崔营滨等	中国石化	CN 101916524 CN 101916523	王永诗,单亦先,劳海港. 2014. 油气“倒灌”的物理模拟及其石油地质意义. Journal of Southwest Petroleum University (Science & Technology Edition),36(2)	地质模拟实验装置

8.6 斯伦贝谢公司地质建模专利分析

斯伦贝谢公司是全球最大的跨国石油技术服务公司（张运东等，2008），服务领域包括测井、地震分析、数据管理方案、监测和模拟等多个方面。斯伦贝谢积极推动 CCUS 的发展，提供从地质封存库评价到全面项目管理的碳封存服务，为 CO_2 封存项目的各个阶段提供支持（斯伦贝谢，2014a）。斯伦贝谢碳封存服务已参与全球 60 多个 CCUS 项目，为 MGSC Illinois、Sleipner、Otway Basin 等项目提供井设计施工、地质评价、储层建模、地震监测等服务（斯伦贝谢，2014b）。

斯伦贝谢公司在地质建模方面拥有专利 46 项，具体情况见表 8-6，涉及地质勘测方法和数据收集、地质建模设计和数据处理方法、地质建模设备等主要技术领域。参考被引次数和申请国家数量，斯伦贝谢公司重要专利包括 WO200162603-A、US2003216897-A1、FR2755244-A 、US2010228485-A1 等。WO200162603-A 涉及管理流体或气体储层，制定储层开发规划，用于优化储层整体性能，优点是能最大化流体或气体储层的产出，更有条理、高效、自动化，更加全面。US2003216897-A1 用于珊瑚礁和岩石地质结构建模，这些地质区域具有折叠、断层、压裂、压缩、拉升以及断块横向范围跨越等特点，优点是应用 paleo 转换，变形区域建模准确。FR2755244-A 涉及采用自适应技术和电脑程序，通过地震数据自动构建地层表面和断层交叉点的三维地质模型，优点是避免人工干预。US2010228485-A1 用于石油开采中岩层流体性质预测，优点是降低开采不确定性和成本，提高效率。

表 8-6　斯伦贝谢公司的主要专利情况

标题	专利号	公开时间	发明人	技术领域
Method for forecasting shale gas formation in geologic environment, involves history matching simulation model for shale gas formation based on statistical analysis on formation data, and forecasting production for another gas formation	US2013346040-A1	2013-12-26	MORALES G G; NAVARRO R R; DUBOST F X; GERMAN G M; ROSALES R N	计算机辅助设计；地震、声学、光学外的方法勘探或探测；从井中开采油、气、水、可溶解或可熔化物质或矿物泥浆的方法或设备；测试井壁的性质；地层测试；专用于地表钻进或钻井以便取得表土或井中液体试样的方法或设备；地震或声学的分析
Geological models e. g. reservoir model, generating method for use with e. g. sonic logging device, for oil field exploration, involves matching facies probability cube to histogram, and generating geological models based on matched cube	US2013338978-A1	2013-12-19	ZHANG T; LI T; KRISHNAMURTHY H	计算机辅助设计
Method for generating geological animation of e. g. geological simulation data, involves obtaining representation of interpolated property value, and obtaining animation including representation of interpolated property	FR2988892-A1	2013-10-4	KURTENBACH B	地理模型；动画制作；地震记录的显示；地震、声学、光学外的方法勘探或探测
Method for creating structural model for geological faults containing erosion, for e. g. identification of fluids in underground formation, involves calculating implicit function corresponding to concordant sequence in sub-volume of grid	FR2987903-A1	2013-9-13	LEPAGE F; SOUCHE L; SOUCHE L A	地球物理中地震数据的处理，例如，分析、用于解释、用于校正；计算机辅助设计

续表

标题	专利号	公开时间	发明人	技术领域
Method for building faulted pillar grids for sedimentary basin, involves projecting nodes from side grid cells to side of fault, and transforming altered grid to generate transformed grid in real space coordinate system	US2013218539-A1	2013-8-22	SOUCHE L A; SOUCHE L	计算机辅助设计；其他探测技术主题；地震记录的显示
Method for generating three dimensional geological modeling from two dimensional facies map of surface of geographic region, involves assigning facies characteristic to three dimensional object group to obtain compound model	WO2013123474-A1	2013-8-22	VALLIKKAT THACHAPARAMBIL M; ZHU Z; LIN Q	地理模型
Method of characterizing subterranean formation traversed by borehole, involves forming reservoir model, and integrating perturbation object with reservoir model	US2013110486-A1	2013-5-2	POLYAKOV V; OMERAGIC D; VIK T; HABASHY T M	用于特定的过程、系统或设备的模拟计算机
Representing method for geological objects, involves outputting simulation results along geological time axis based on geological time data structure configured to link objects of geological model to geological times	GB2495630-A	2013-4-17	KURTENBACH B; NEUMAIER M; STEDEN S; TESSEN N	地震记录的显示；综合技术手段进行勘探或探测；图形用户界面的交互技术，例如，与窗口、图标或菜单的交互；地质学的科学模型；特别适用于特定功能的数字计算设备或数据处理设备或数据处理方法；用于特定的过程、系统或设备的模拟计算机；地球物理中地震数据的处理，例如，分析、用于解释、用于校正；地震或声学的分析；图形用户界面的交互技术，例如，与窗口、图标或菜单的交互

续表

标题	专利号	公开时间	发明人	技术领域
Method for detecting discontinuity of e. g. geographical surface in geological models for oilfield services industry, involves indicating location as part of discontinuity when location orientation is similar to orientation of true normal	GB2490227-A	2012-10-24	AARRE V; ASTRATTI D	综合技术手段进行勘探或探测；用于计算机制图的3D建模；用于特定的过程、系统或设备的模拟计算机；用于分布网络的模拟计算机
Simulation method for phenomena associated with geologic environment involves assigning geological domain coordinates to new nodes to generate final grid that comprises initial nodes, new nodes and geological domain coordinates	WO2012142383-A2	2012-10-18	LEPAGE F	地震、声学、光学外的方法勘探或探测；专门适用于特定应用的数字计算或数据处理的设备或方法；用于特定的过程、系统或设备的模拟计算机；用于流体流的模拟器
Method for evaluating, modeling and simulating hydrocarbon bearing subterranean formation i. e. reservoir, involves deriving model of formation, where model includes rock properties and fluid properties	WO2012121769-A2	2012-9-13	POMERANTZ A W; ZUO Y; WAGGONER J; ALI REZA Z; GODEFROY S N; PFEIFFER T; FREED D E; MULLINS O C; POMERANTZ A E; REZA Z A	地震、声学、光学外的方法勘探或探测；专门适用于特定应用的数字计算或数据处理的设备或方法；用于执行专门程序的装置；用于特定的过程、系统或设备的模拟计算机
Method for interacting with software application e. g. geological modeling application on electronic device e. g. computer, involves displaying heads- up display including user-selectable indicators based on determined context of usage	US2012182205-A1	2012-7-19	GAMST G J	阴极射线管指示器及其他目标指示器通用的目视指示器的控制装置或电路
Computer- readable media storing program for performing geological reservoir conversion for scaling strain formed in reservoir, includes instruction for adjusting grid associated with reservoir model using predetermined equation	US2012150445-A1	2012-6-14	AARRE V	专门适用于特定应用的数字计算或数据处理的设备或方法；地球物理中地震数据的处理，例如，分析、用于解释、用于校正

续表

标题	专利号	公开时间	发明人	技术领域
Segment identification and classification method for performing geometrical calculations using seismic horizon data, involves defining horizon segments based on geometrical calculations which are performed using seismic horizon data	US2011307178-A1	2011-12-15	HOEKSTRA E	专门适用于特定应用的数字计算或数据处理的设备或方法
Method for generating geological models for oil field exploration using facies probability cubes that are utilized with multipoint statistics to create reservoir model, involves matching facies probability cube to global histogram	US2011231164-A1	2011-9-22	ZHANG T; LI T; KRISHNAMURTHY H	复杂数学运算的数据处理；用于特定的过程、系统或设备的模拟计算机；测试井壁的性质；地层测试；专用于地表钻进或钻井以便取得表土或井中液体试样的方法或设备；地球物理中地震数据的处理，例如，分析、用于解释、用于校正；其他探测技术主题；测量钻孔或井
Modeling method of hydrocarbon bearing basin for modeling reservoir basin involves outputting results to display medium to enhance understanding of hydrocarbon bearing basin	WO2011073861-A2	2011-6-23	GATHOGO P N; HARTANTO R; SUAREZ-RIVERA R	地球物理中地震数据的处理，例如，分析、用于解释、用于校正；用于特定的过程、系统或设备的模拟计算机
Subsurface geology images obtaining method for interpreting subsurface geology in geophysical exploration, involves determining and correcting errors by utilizing operators, where correction is repeated until each error is below threshold	US2011110190-A1	2011-5-12	THOMSON C J; KITCHENSIDE P	地震或声学的勘探或探测；地球物理中地震数据的处理，例如，分析、用于解释、用于校正；地震或声学的分析；专门适用于特定应用的数字计算或数据处理的设备或方法

续表

标题	专利号	公开时间	发明人	技术领域
Multi-scalc finite volume method for simulating fine-scale geological model of subsurface reservoir, involves computing conservative flux field responsive to dual coarse-scale cells, and producing display responsive to flux field	US2011098998-A1	2011-4-28	LUNATI I F; TYAGI M; LEE S H	用于流体流的模拟器；地下水的存在或流量的测定；专门适用于特定应用的数字计算或数据处理的设备或方法；地理模型；测试井壁的性质；地层测试；专用于地表钻进或钻井以便取得表土或井中液体试样的方法或设备；其他探测技术主题；计算机辅助设计；复杂数学运算的数据处理；用于特定的过程、系统或设备的模拟计算机；用于分布网络的模拟计算机
Method for performing subsurface engineering, involves performing simulation of subsurface side that includes apparatus or subsurface operation based on model	US2011060572-A1	2011-3-10	BROWN A L; BULMAN S D; CRICK M; MATHIEU G; SAGERT R; WARDELLYERBURGH P; CRICK M V	用于特定的过程、系统或设备的模拟计算机；测试井壁的性质；地层测试；专用于地表钻进或钻井以便取得表土或井中液体试样的方法或设备；地震或声学的分析
Method for performing gridless geological modeling used in e. g. oil industry, involves propagating values for property directly to points in gridless three- dimensional space associated with structural framework model	US2011054857-A1	2011-3-3	MOGUCHAYA T	复杂数学运算的数据处理；用于特定的过程、系统或设备的模拟计算机；综合技术手段进行勘探或探测；从井中开采油、气、水、可溶解或可熔化物质或矿物泥浆的方法或设备；地球物理中地震数据的处理，例如，分析、用于解释、用于校正；地震记录的显示；地震、声学、光学外的方法勘探或探测

续表

标题	专利号	公开时间	发明人	技术领域
Computer-readable storage medium for single well or set of wells, has instructions which when executed by computer perform estimating of unknown coefficient in linear-velocity-in-time function to fit time-depth data points	US2010299117-A1	2010-11-25	BJERKHOLT B	地球物理中地震数据的处理，例如，分析、用于解释、用于校正；复杂数学运算的数据处理；地震或声学的勘探或探测；地震或声学的分析
Model-based relative bearing estimation method for determining relative bearing of directional receiver in borehole selects relative bearing angle of directional receiver based on difference between incident ray and polarization vectors	US2010226207-A1	2010-9-9	ARMSTRONG P N	地震或声学的勘探或探测；专用于测井记录；处理勘探或探测的数据
Method for estimating properties of fluid in rock formation during petroleum extraction, involves adjusting initial model of geologic basin such that adjusted initial estimate of fluid composition matches analyzed fluid composition	US2010228485-A1	2010-9-9	BETANCOURT S; KAUERAUF A I; MULLINS O; KAUERAUF A; BETANCOURT S S; MULLINS O C	地震、声学、光学外的方法勘探或探测；专门适用于特定应用的数字计算或数据处理的设备或方法；综合技术手段进行勘探或探测；专用于测井记录；用于分布网络的模拟计算机
Splitting method for preparing grids for performing simulations, such as reservoir simulation for predicting fluid flow, by forcing grid pillars within portion of grid to remain fixed in position during one or more splitting operations	US2010228527-A1	2010-9-9	WILLIAMS M J; FLEW S R G; JONSSON S V	计算机辅助设计；通过改变电量或磁量执行计算操作的器件；用于分布网络的模拟计算机；测试井壁的性质；地层测试；专用于地表钻进或钻井以便取得表土或井中液体试样的方法或设备；地球物理中地震数据的处理，例如，分析、用于解释、用于校正

续表

标题	专利号	公开时间	发明人	技术领域
Method of correcting velocity cube for use in seismic modeling for petroleum exploration application, involves correcting velocity object of velocity model in accordance with well depth data associated with subsurface earth volume	US2010195440-A1	2010-8-5	BJERKHOLT B	地球物理中地震数据的处理，例如，分析、用于解释、用于校正；地震记录的显示；专用于测井记录；地震或声学的勘探或探测
Multi-scale finite volume method for use in simulating fine-scale geological model of subsurface reservoir, involves producing display responsive to pressure in primary coarse-scale cells responsive to pressure in dual coarse-scale cells	WO2010003004-A2	2010-1-7	LUNATI I F; LUNATI I	计算机辅助设计；专门适用于特定应用的数字计算或数据处理的设备或方法；复杂数学运算的数据处理；通过改变电量或磁量执行计算操作的器件；用于分布网络的模拟计算机；用于特定的过程、系统或设备的模拟计算机
Well test optimization method for well test design, interpretation, and test objectives verification compares interpreted data for each well test parameter to corresponding expected variation range to determine if test objective is met	WO2009114463-A2	2009-9-17	AMINI S; JALALI Y; KUCHUK F; SOOD R; ZAFARI M	通过改变电量或磁量执行计算操作的器件；用于分布网络的模拟计算机；专门适用于特定应用的数字计算或数据处理的设备或方法
Reservoir engineering performing method for e. g. locating oil, involves simulating simulation case that comprises earth model and well completion design after updating absolute position of wellbore equipment item	US2009182541-A1	2009-7-16	BULMAN S; CRICK M; OHALLORAN C; WARD-ELLYERBURGH P; O'HALLORAN C	用于特定的过程、系统或设备的模拟计算机；专用于测井记录；处理勘探或探测的数据；测试井壁的性质；地层测试；专用于地表钻进或钻井以便取得表土或井中液体试样的方法或设备；测量钻孔或井
Geographical model establishing method for wellbore, involves finding portion of simulated tool response corresponding to portion of measured tool response, and comparing portions to generate geographical model	US2009157361-A1	2009-6-18	CHEN J; LIU R; MA W; NIU M; TOGHI F	专门适用于特定应用的数字计算或数据处理的设备或方法；通过改变电量或磁量执行计算操作的器件；用于特定的过程、系统或设备的模拟计算机；测量井眼的，例如利用地磁学

续表

标题	专利号	公开时间	发明人	技术领域
Method for determining permeability of earth formation of reservoir e. g. oil reservoir, involves representing pressure transient within layer and pressure transient between layers based on analytical and numerical solutions	US2009126475-A1	2009-5-21	HAO X; ZHANG L	测试井壁的性质；地层测试；专用于地表钻进或钻井以便取得表土或井中液体试样的方法或设备；专用于测井记录
High fidelity wellbore trajectory obtaining method for use during drilling phase of hydrocarbon borehole, involves determining a high fidelity wellbore trajectory from the compensated depth measurements and survey data	WO2009064732-A1	2009-5-22	BORDAKOV G; HELIOT D; KOSTIN A; MEHTA S; PHILLIPS W J; RASMUS J C	测量井眼的，例如利用地磁学；测量钻孔或井
Three-dimensional model generating method for geophysical exploration, involves converting three-dimensional geologic model to three-dimensional elastic geologic model of near surface layer	WO2008147809-A1	2008-12-4	LAAKE A W; STROBBIA C; CUTTS A	综合技术手段进行勘探或探测；计算机辅助设计
Method of calculating development plan for portion of field containing subterranean resource, used in oil or gas field involves calculating field development plan (FDP) from subset of targets and presenting FDP in tangible form	US2008300793-A1	2008-12-4	TILKE P G; BAILEY W J; COUET B; PRANGE M; CRICK M; BAILEY W; TILKE P	地震、声学、光学外的方法勘探或探测；专门适用于特定应用的数字计算或数据处理的设备或方法；测试井壁的性质；地层测试；专用于地表钻进或钻井以便取得表土或井中液体试样的方法或设备；专用于测井记录；处理探测数据；计算机辅助设计；用于特定的过程、系统或设备的模拟计算机
Method for identifying one or more fracture clusters in formation surrounding reservoir for sub-surface mapping in oil and gas industry involves comparing compression to shear image to one or more images from borehole	WO2008070596-A1	2008-6-12	AKHTAR A	地球物理中地震数据的处理，例如，分析、用于解释、用于校正

续表

标题	专利号	公开时间	发明人	技术领域
Boundary condition inverting method for rock mass field in-situ stress computation, involves building numerical model from geological model of geologic structure, and inputting source data measured from geologic structure	US2008071505-A1	2008-3-20	HUANG Y; YANG; STOWE I D	复杂数学运算的数据处理；通过改变电量或磁量执行计算操作的器件；用于特定的过程、系统或设备的模拟计算机
Hydraulically isolated units identifying method for oil field, involves measuring property such as visible near-infrared absorption spectrum, gas-oil-ratio and composition, of formation fluid within borehole	US2008040086-A1	2008-2-14	BETANCOURT S S; MULLINS O C; GAIZUTIS R; XIAN C; KAUFMAN P; DUBOST F; VENKATARAMANAN L; BETANCOURT S; MULLINS O; XIAN C G	地震、声学、光学外的方法勘探或探测；专门适用于特定应用的数字计算或数据处理的设备或方法；通过改变电量或磁量执行计算操作的器件；用于特定的过程、系统或设备的模拟计算机；测试井壁的性质；地层测试；专用于地表钻进或钻井以便取得表土或井中液体试样的方法或设备
Modeling geological structures in Earth formation by modeling fault(s) in Earth formation by using group of pillars in three dimensions	US2006197759-A1	2006-9-7	FREMMING N P	用于计算机制图的3D建模；地震或声学的勘探或探测；地球物理中地震数据的处理，例如，分析、用于解释、用于校正
Faulted geological structure modeling involves transforming geological object based on deformation model of contemporary formation, to model geological structure with lateral extent spanning fault blocks	US2003216897-A1	2003-11-20	ENDRES D M; BOUZAS H R; ENDRES D; BOUZAS H	用于特定的过程、系统或设备的模拟计算机；地球物理中地震数据的处理，例如，分析、用于解释、用于校正；地震、声学、光学外的方法勘探或探测；综合技术手段进行勘探或探测；地震记录的显示；通过改变电量或磁量执行计算操作的器件

续表

标题	专利号	公开时间	发明人	技术领域
Monitoring of drilling path of borehole, comprises drilling borehole along first path, acquiring direct path drill seismic data, and determining whether first path is correct	WO2003036042-A	2003-5-1	ARMSTRONG P; SHABBIR A; KAMATA M	测量井眼的，例如利用地磁学；专用于测井记录
Analysis of resultant set of seismic data generated during seismic operation by comparing first data set of known geologic characteristics with second data set of unknown geologic characteristics	WO200250507-A	2002-6-27	PEPPER R E F; VAN BEMMEL P P	地球物理中地震数据的处理，例如，分析、用于解释、用于校正；特别适用于特定功能的数字计算设备或数据处理设备或数据处理方法；地震或声学的勘探或探测；地震或声学的分析；专门适用于特定应用的数字计算或数据处理的设备或方法
Geometry modeling system for distributed computer network based geological modeling, produces hierarchical tree with fine and coarse resolutions and forwards the node data of high and low levels depending on set conditions	WO200171570-A	2001-9-27	HAMMERSLEY R P; LU H; LU H K	计算机辅助设计；复杂数学运算的数据处理；用于计算机制图的3D建模
Managing fluid and/or gas reservoir which assimilates diverse data by developing initial development plan, partly implementing the plan, examining results obtained, and confirming agreement of results and set of projections	WO200162603-A	2001-8-30	GURPINAR O M; ROSSI D J; VERMA V B; PANTELLA P W; GURPINAR O; ROSSI D; VERMA V; PANTELLA P; GURPINAR M; ROSSI J; VERMA B; PANTELLA W; VERMA V J	用于特定的过程、系统或设备的模拟计算机；专门适用于特定应用的数字计算或数据处理的设备或方法；测试井壁的性质；地层测试；专用于地表钻进或钻井以便取得表土或井中液体试样的方法或设备；综合技术手段进行勘探或探测；从井中开采油、气、水、可溶解或可熔化物质或矿物泥浆的方法或设备；通过改变电量或磁量执行计算操作的器件；测量钻孔或井

续表

标题	专利号	公开时间	发明人	技术领域
Modelling geological layers and faults in three dimensions - using seismic and diagraphic information, filtering and reintroducing uncertain data and producing models of faulted layers	FR2755244-A	1998-4-30	GRAF K E；VASSILEV A T	地震记录的显示；用于计算机制图的3D建模；地震或声学的分析；地球物理中地震数据的处理，例如，分析、用于解释、用于校正；处理勘探或探测的数据；特别适用于特定功能的数字计算设备或数据处理设备或数据处理方法；处理探测数据；综合技术手段进行勘探或探测

8.7 核心专利分析

通过对从 DII 数据库中检索到的 309 项专利的统计分析，综合考虑被引次数、技术保护范围等信息，以及对标题和摘要信息的判读，筛选出了多项重点专利。通过对专利详细信息的进一步解读，从中选取了 21 项核心专利，分别为被引次数前 10 名的专利（表 8-7）和申请国家数量前 11 名的专利（表 8-8）。

需要重点关注的专利包括 WO200162603-A、US2010138196-A1、WO200192915-A、US2011098998-A1、US2011205844-A1、WO2011037580-A1 等，并且这些专利都在中国进行了申请。其中，一件来自斯伦贝谢公司，三件来自雪佛龙公司，两件来自 LANDMARK 图像公司。关注的问题包括储层管理和性能优化、地下断裂储层流体特性预测、地下流体储层空间地质模型、地下储层精密尺度地质模型、三维地质结构建模、油气采收地质模型建模等。

WO200162603-A 由美国斯伦贝谢公司申请，涉及管理流体或气体储层，制定储层开发规划，用于优化储层整体性能，优点是能最大化流体或气体储层的产出，更有条理、高效、自动化，更加全面。US2010138196-A1 由美国雪佛龙公司申请，应用计算机方法预测地下断裂储层的流体特征，优点是能进行微小尺度模拟，提高粗刻度结果准确性，减少计算时间。WO200192915-A 由美国雪佛龙公司申请，涉及确定油气开采中地下地质体积制定岩石或流体的特征，构建地下流体储层的空间地质模型，优点是地质模型提供准确的流体储层特征，便于油气储层的开发和生产。US2011098998-A1 由美国雪佛龙公司申请，通过多尺度有限体积方法模拟地下

表 8-7　被引次数前 10 名专利分析

标题	专利号	公开时间	被引次数	来源国	申请机构	技术领域	用途	优点	是否在中国申请
Managing fluid and/or gas reservoir which assimilates diverse data by developing initial development plan, partly implementing the plan, examining results obtained, and confirming agreement of results and set of projections	WO200162603-A	2011-8-30	140	美国	斯伦贝谢公司	用于特定的过程、系统或设备的模拟计算机；专门适用于特定应用的数字计算或数据处理的设备或方法；测试井壁的性质；地层测试；专用于地表钻进或钻井以便取得表土或井中液体试样的方法或设备；综合技术手段进行勘探或探测；从井中开采油、气、水、可溶解或可熔化物质或矿物泥浆的方法或设备；通过改变电量或磁量执行计算操作的器件；测量钻孔或井等	管理流体或气体储层，制定储层开发规划，用于优化储层整体性能	该方法能最大化流体或气体储层的产出，更有条理、高效、自动化，更加全面	是
Three- dimensional geologic modelling-for building of three = dimensional geologic models of earth's subsurface that primarily represent petroleum reservoirs and/or aquifiers	WO9738330-A	1997-10-16	110	美国	埃克森美孚公司	地震记录的显示；地震或声学的分析；综合技术手段进行勘探或探测；地球物理中地震数据的处理，例如，分析、用于解释、用于校正	用于建立地球表层三维地质模型，主要展现油藏或含水层	综合三维地质建模和向前地震建模，建立地质模型可以同时符合地质和地球物理原理	否

续表

标题	专利号	公开时间	被引次数	来源国	申请机构	技术领域	用途	优点	是否在中国申请
Three- dimensional mathematical modelling of geologic volumes- involves constructing separate grid for each critical bounding surface and building layers of cells	EP254325-A	1988-1-27	93	美国	LANDMARK 图像公司	地震或声学的勘探或探测;处理探测数据;地质学的科学模型	地壳地质体积的建模	每个单元层的数据内插和外推相互独立	否
Three dimensional geologic model constructing method for use in oil and gas industry, involves comparing specified training criteria with calculated statistics for output of geologic model	WO200133481-A	2001-5-10	48	美国	埃克森美孚公司	专门适用于特定应用的数字计算或数据处理的设备或方法;地球物理中地震数据的处理,例如,分析、用于解释、用于校正	构建地下三维地质模型,如石油储层或沉积盆地,用于地震建模、井位置确定以及油气储量估计	能实现短时间内精确模型输出	否
Faulted geological structure modeling involves transforming geological object based on deformation model of contemporary formation, to model geological structure with lateral extent spanning fault blocks	US2003216897-A1	2003-11-20	44	美国	斯伦贝谢公司	用于特定的过程、系统或设备的模拟计算机;地球物理中地震数据的处理,例如,分析、用于解释、用于校正;地震、声学、光学外的方法勘探或探测;综合技术手段进行勘探或探测;地震记录的显示;通过改变电量或磁量执行计算操作的器件	用于珊瑚礁和岩石地质结构建模,这些地质区域具有折叠、断层、压裂、压缩、拉升等变形,以及断块的横向范围跨越	应用 paleo 转换,变形区域建模准确	否

续表

标题	专利号	公开时间	被引次数	来源国	申请机构	技术领域	用途	优点	是否在中国申请
Modelling geological layers and faults in three dimensions - using seismic and diagraphic information, filtering and reintroducing uncertain data and producing models of faulted layers	FR2755244-A	1998-4-30	42	美国	斯伦贝谢公司	地震记录的显示；用于计算机制图的 3D 建模；地震或声学的分析；地球物理中地震数据的处理，例如，分析、用于解释、用于校正；处理勘探或探测的数据；特别适用于特定功能的数字计算设备或数据处理设备或数据处理方法；处理探测数据；综合技术手段进行勘探或探测	采用自适应技术和电脑程序，通过地震数据自动构建地层表面和断层交叉点的三维地质模型	避免人工干预	否
Production, from dynamic data, of timely geological model of physical property characteristic of structure of underground layer being examined, includes parametrizing fine mesh model to obtain distribution of property	FR2823877-A1	2002-10-25	39	法国	法国石油研究院	从井中开采油、气、水、可溶解或可熔化物质或矿物泥浆的方法或设备；综合技术手段进行勘探或探测；特别适用于特定功能的数字计算设备或数据处理设备或数据处理方法；地震或声学的分析；复杂数学运算的数据处理；专门适用于特定应用的数字计算或数据处理的设备或方法；G06F-017/18；G06F-017/60；地震、声学、光学外的方法勘探或探测	使用石油井生产数据约束精细地质模型，呈现不均质储层物理性质分布情况	动态数据可直接用于修正模型	否

续表

标题	专利号	公开时间	被引次数	来源国	申请机构	技术领域	用途	优点	是否在中国申请
Data fusion workstation for hydro- geological modelling and transport uncertainty determination- calculating least squares solution which reduces cost function related to errors, by executing trust region algorithm which limits Gauss- Newton steps, using least squares solution to adjust site model, and displaying site model	US5729451-A	1998-5-17	39	美国	COLEMAN RES CORP	利用近似方法进行函数换算,例如内推或外推法、修匀法、最小均方根法	数据融合工作站可用于水文建模、稳态水文流建模、油藏管理、地质技术工程项目等	采用测量数据和计算化模型	否
Underground reservoir modelling and production development prediction e. g. of hydrocarbon- using scenario inversion technique esp. Bayesian formalism, known geological and production information and updating models continuously	GB2300736-A	1996-11-13	37	法国	法国石油研究院	专门适用于特定应用的数字计算或数据处理的设备或方法;专门适用于特定应用的数字计算或数据处理的设备或方法;综合技术手段进行勘探或探测;地震、声学、光学外的方法勘探或探测	用于油藏工程,适合调整生产情景	生产中预测开发情况	否

续表

标题	专利号	公开时间	被引次数	来源国	申请机构	技术领域	用途	优点	是否在中国申请
Real time petroleum reservoir management involves pre-processing seismic and geologic data according to predetermined algorithm to create reservoir geologic model	US2002099505-A1	2002-7-25	33	美国	哈里伯顿公司	专门适用于特定应用的数字计算或数据处理的设备或方法	用于油藏地表生产、井下生产、注入控制设备的实时控制	提供更好储层管理，最大化资产价值	否

表 8-8　申请国家数量前 10 名的专利分析

标题	专利号	公开时间	申请国家数量	来源国	申请机构	技术领域	用途	优点	是否在中国申请
Managing fluid and/or gas reservoir which assimilates diverse data by developing initial development plan, partly implementing the plan, examining results obtained, and confirming agreement of results and set of projections.	WO200162603-A	2011-8-30	15	美国	斯伦贝谢公司	用于特定的过程、系统或设备的模拟计算机；专门适用于特定应用的数字计算或数据处理的设备或方法；测试井壁的性质；地层测试；专用于地表钻进或钻井以便取得表土或井中液体试样的方法或设备；综合技术手段进行勘探或探测；从井中开采油、气、水、可溶解或可熔化物质或矿物泥浆的方法或设备；通过改变电量或磁量执行计算操作的器件；测量钻孔或井等	管理流体或气体储层，制定储层开发规划，用于优化储层整体性能	该方法能最大化流体或气体储层的产出，方法更有条理、高效、自动化，更加全面	是

续表

标题	专利号	公开时间	被引次数	来源国	申请机构	技术领域	用途	优点	是否在中国申请
Computer-implemented e. g. fluid flow characteristics predicting method for fractured subsurface reservoir, involves simulating fine-scale simulation parameters to predict fluid flow characteristics within reservoir.	US2010138196-A1	2010-7-3	10	美国	雪佛龙公司	通过改变电量或磁量执行计算操作的器件;用于分布网络的模拟计算机;地理模型;专门适用于特定应用的数字计算或数据处理的设备或方法;地球物理中地震数据的处理,例如,分析、用于解释、用于校正;计算机辅助设计;用于特定的过程、系统或设备的模拟计算机;地理模型;从井中开采油、气、水、可溶解或可熔化物质或矿物泥浆的方法或设备;地震、声学、光学外的方法勘探或探测	应用计算机方法预测地下断裂储层的流体特征	能进行微小尺度模拟,提高粗刻度结果准确性,降低计算时间	是
Constructing geological model of subsurface volume useful in oil industry involves identifying outlines of geological bodies, estimating grain size distribution within geological body, and estimating rock properties within geological body	WO2006031383-A2	2006-5-23	9	美国	埃克森美孚公司	G01N-015/08;用于计算机制图的 3D 建模;线框绘图;通过改变电量或磁量执行计算操作的器件;用于分布网络的模拟计算机;用于特定的过程、系统或设备的模拟计算机;E21B-000/00;G01V-000/00;G06T-000/00;专门适用于特定应用的数字计算或数据处理的设备或方法	基于地震数据构建地质模型,展现地下容量,如石油或沉积盆地,确定井的位置,估计油气储量,制定储层开发策略	模型现实、准确,与可用数据类型一致,方法自动化,花费时间和精力少	否

续表

标题	专利号	公开时间	被引次数	来源国	申请机构	技术领域	用途	优点	是否在中国申请
Determination of value of subterranean rock or fluid property involves determining difference between predicted value and seismic value of acoustic impedance, and adjusting value to create value that reduces difference.	WO200192915-A	2001-12-6	8		马拉松石油公司	地震或声学的勘探或探测;地震记录的显示;专门适用于特定应用的数字计算或数据处理的设备或方法;G01V-000/00;地球物理中地震数据的处理,例如,分析、用于解释、用于校正;特别适用于特定功能的数字计算设备或数据处理设备或数据处理方法;地震或声学的分析	确定油气开采中地下地质体积制定岩石或流体的特征,构建地下流体储层的空间地质模型	地质模型提供准确的流体储层特征,便于油气储层的开发和生产	是
Faulted geological structure modeling involves transforming geological object based on deformation model of contemporary formation, to model geological structure with lateral extent spanning fault blocks.	US2003216897-A1	2003-11-20	7	美国	斯伦贝谢公司	用于特定的过程、系统或设备的模拟计算机;地球物理中地震数据的处理,例如,分析、用于解释、用于校正;地震、声学、光学外的方法勘探或探测;综合技术手段进行勘探或探测;地震记录的显示;通过改变电量或磁量执行计算操作的器件	用于珊瑚礁和岩石地质结构建模,这些地质区域具有折叠、断层、压裂、压缩、拉升等变形 ,以及断块的横向范围跨越	应用 paleo 转换,变形区域建模准确。	否
Two dimensional geophysical data's three dimensional visualization rendering method for oil and gas exploration field, involves locating two dimensional images within three dimensional space based on spatial relationships between locations.	US2009295792-A1	2009-12-3	7	美国	雪佛龙公司	综合技术手段进行勘探或探测	油气开采场地二维地质数据的三维可视化呈现方法	数据的高效共享和加工	是

续表

标题	专利号	公开时间	被引次数	来源国	申请机构	技术领域	用途	优点	是否在中国申请
Multi-scale finite volume method for simulating fine-scale geological model of subsurface reservoir, involves computing conservative flux field responsive to dual coarse-scale cells, and producing display responsive to flux field.	US2011098998-A1	2011-4-28	7	美国	雪佛龙公司	用于流体流的模拟器；地下水的存在或流量的测定；专门适用于特定应用的数字计算或数据处理的设备或方法；地理模型；测试井壁的性质；地层测试；专用于地表钻进或钻井以便取得表土或井中液体试样的方法或设备；其他探测技术主题；计算机辅助设计；复杂数学运算的数据处理；G06F-007/60；用于特定的过程、系统或设备的模拟计算机；用于分布网络的模拟计算机	多尺度有限体积方法模拟地下储层精密尺度地质模型	高效解决大型异构问题，提高多尺度有限体积方法质量，提高精度，降低成本	是
Computer-implemented method for modeling three-dimensional geological structure, involves interpolating structure and diffusion tensor field, enhanced image and fault displacement field to produce three-dimensional geological model	US2011205844-A1	2011-8-25	7	美国	LANDMARK图像公司	地球物理中地震数据的处理，例如，分析、用于解释、用于校正；地震或声学的分析；地震或声学的勘探或探测；处理探测数据；阴极射线管指示器及其他目标指示器通用的目视指示器的控制装置或电路	计算机方法建模三维地质结构	实现三维地质模型最大连续插值，实现张量场数据的整合指导插值法，提高模型物理精度	是

续表

标题	专利号	公开时间	被引次数	来源国	申请机构	技术领域	用途	优点	是否在中国申请
Creating method of volumetric model for geological properties of earth, involves making length of first vector representing distance from first point in direction of first vector and maximum continuity of geological property stay the same	WO2009151441-A1	2009-12-7	7	美国	LANDMARK图像公司	特别适用于特定功能的数字计算设备或数据处理设备或数据处理方法；地震、声学、光学外的方法勘探或探测	建立地球地质特征体积模型	允许搜寻领域椭球体以搜索轮廓最大的连续性，这样搜寻椭球体能变形成预定形状	是
Updating method for posterior geological models involves storing each new sample that meets acceptance criteria, such that each new sample represents respective updated posterior geological model for prior geological model.	WO2011037580-A1	2012-4-5	7	美国	LANDMARK图像公司	地球物理中地震数据的处理，例如，分析、用于解释、用于校正；从井中开采油、气、水、可溶解或可熔化物质或矿物泥浆的方法或设备；地震、声学、光学外的方法勘探或探测；G06F-007/60；用于特定的过程、系统或设备的模拟计算机	地质模型用于油气采收	整合预先约定储层数据，支撑动态定量数据转换，随机不确定管理以及灵活储层管理	是
Method for estimating properties of fluid in rock formation during petroleum extraction, involves adjusting initial model of geologic basin such that adjusted initial estimate of fluid composition matches analyzed fluid composition.	US2010228485-A1	2010-9-9	7	美国	斯伦贝谢公司	地震、声学、光学外的方法勘探或探测；专门适用于特定应用的数字计算或数据处理的设备或方法；综合技术手段进行勘探或探测；E21B-049/02；专用于测井记录；用于分布网络的模拟计算机	石油开采中岩层流体性质预测	降低开采不确定性，降低成本和提高效率	否

储层精密尺度地质模型，高效解决大型异构问题，优点是提高多尺度有限体积方法质量，提高精度，降低成本。US2011205844-A1 由美国 LANDMARK 图像公司申请，涉及计算机方法建模三维地质结构，优点是实现三维地质模型最大连续插值，能够用张量场数据整合指导插值法，提高模型物理精度。WO2011037580-A1 由美国 LANDMARK 图像公司申请，涉及用于油气采收的地质模型，优点是整合预先约定储层数据，支撑动态定量数据转换，随机不确定管理以及灵活储层管理。

8.8 本章小结

地质建模技术作为开发地质研究中最具有代表性与综合性的关键技术，中国与国外在该技术领域的发展还存在不小的差距，核心技术的缺乏将严重制约中国石油天然气、页岩气等非常规油气、CCUS 技术领域的发展和示范项目的开展。因此，本章聚焦地质建模相关技术，通过对全球地质建模专利公开信息进行分析，揭示全球地质建模专利技术的现状、发展趋势，为中国在相关领域中的科研和决策提供支撑。通过前述分析，可以看出：

(1) 地质建模技术相关专利早在 20 世纪 70 年代就已经出现。2000 年后，特别是 2009 年后，地质建模技术专利呈现出不断增长的态势。近年来，越来越多的发明人进入地质建模技术领域，并且每年都有新技术条目涌现。可以预测，地质建模专利申请数量在未来几年将会继续保持快速增长态势。

(2) 目前，地质建模技术的主要研究领域包括①地质勘测方法和数据收集，例如地球物理中地震数据的处理、综合技术手段进行勘探或探测、地震、声学、光学外的方法勘探或探测等；②地质建模设计和数据处理方法，例如专门适用于特定应用的数字计算或数据处理的设备或方法、计算机辅助设计、复杂数学运算的数据处理等；③地质建模设备，例如用于地质建模的特定过程、系统或设备的模拟计算机、通过改变电量或磁量执行计算操作的器件等。

(3) 地质建模相关专利受理数量最多的国家/地区依次是：美国、中国、加拿大、澳大利亚、挪威、法国、英国、墨西哥、俄罗斯等。美国专利受理数量超过 150 项，优先权专利数量超过 120 项，占到全球总量的 40% 以上。中国和法国是地质建模专利领域的后起之秀，2005 年后相关专利数量快速上升。

(4) 主要专利申请人中排名前三的是美国斯伦贝谢公司、美国埃克森美孚公司和法国石油研究院。中国机构主要有中国石油、中国石化，但在专利数量上与前三名仍存在差距。其中，合作关系只存在于美国斯伦贝谢公司、LOGINED

公司、雪佛龙公司和 PRAD 研究与发展公司之间，且较多采用油气行业公司和 IT 行业公司合作的方式。总体来看，主要地质建模专利申请人间的合作较少的，大多都是美国几家机构间的合作。

（5）专利保护区域方面，国外主要机构普遍重视对 PCT 专利申请，保护区域都达到 6 个国家。中国机构专利保护区域范围普遍较窄，仅限于国内。美国主要机构都在中国申请了专利，其中雪佛龙公司申请数量最多，达到 7 项。除美国外的其他国家主要机构尚未在中国申请地质建模相关专利。

（6）斯伦贝谢公司提供从地质封存库评价到全面项目管理的碳封存服务，重要专利涉及流体或气体储层管理、变形地质结构建模、三维地质模型、岩层流体性质预测等。

（7）发明人方面，埃克森美孚的 Thomas Sun 拥有专利数量最多，其重点研究领域为油气开采的三维地质建模；斯伦贝谢公司的 Gurpinar O M 等重点研究领域为储层开发优化。发明人间很少形成固定的合作群体，且没有突出的群体核心发明人。

（8）重要专利方面，关注的问题包括储层管理和性能优化、地下断裂储层流体特性预测、地下流体储层空间地质模型、地下储层精密尺度地质模型、三维地质结构建模、油气采收地质模型建模等。

第9章

CCUS 技术转移分析

近年来，中国科研机构和企业与欧盟、澳大利亚、意大利、日本、美国等国家的相关机构开展了广泛的科技交流与合作。目前中国多个 CCUS 项目进入了示范性阶段，但是百万吨级的 CCUS 项目尚处于规划和设计阶段，这种规模化的 CO_2 封存项目上需要突破关键技术的研发和应用，为了尽快推进我国百万吨级 CCUS 封存项目的示范急需先进知识、技术、装备的输入和引导。因此，在与国外机构开展国际合作的过程中，有必要探索建立 CCUS 技术转移办法，本章通过对比世界上重要的成功技术转移模式、分析技术转移专业机构的经验，结合技术转移法律政策，提出开展 CCUS 技术合作与转移的建议。

9.1 国外政府技术转移举措

技术转移（technology transfer）是一个在国际上被广泛应用的词汇，美国哈佛大学的布鲁克斯（Brooks）在 1968 年对技术转移做出了定义，技术转移是科学和技术通过人类活动被传播的过程。技术转移存在两种不同的情况，一种是横向转移（horizontal transfer），即狭义的技术转移，主要是指技术在不同使用者之间的转移；第二种是纵向转移（vertical transfer），即广义的技术转移，主要指技术知识在不同研究领域之间的转移，如新的基础学科知识运用到应用技术的领域。由于国际间技术转移的重要性及经济价值，理论界对其进行的研究比较充分，一般对技术转移的理解即是指国际技术转移，属于横向转移。学者 Park 和 Zilberman（1993）认为技术转移是将大学、科研机构或政府实验室的基本知识、信息与创新流向私人及准私人部门的个体或公司的过程。学者 Borothy Leonard-Barton（1995）详细分析了技术能力转移的四个层次，分别为装配、零部件的调整和本地化、产品再设计、自立的产品设计。美国学者 Bozeman（2000）认为技术转移是专有技术、技术知识或技术从一个组织架构到另一个组织架构的移动。联合国《国际技术转移行动守则》对技术转移的定义是从产生知识的地方转移到使用知识的地方，转移的内容涉及信息、知识、专利等软件，转移的技术较已有的技术更加新颖、更加先进。

中国学者也对技术转移开展了研究。林慧岳（1992）认为技术转移是一种技术流动，是技术和知识及载体（人或机器等物质形态）在技术活动中的发明、创新和扩散三个环节之间的定向流动。傅正华等（2007）认为，技术转移就其一般意义来说，是指因经济目的而发生的关于技术的信息流动过程。杨善林等（2013）认为技术转移是一项将具有商品属性的技术在两个利益主体（技术供体和技术受体）间进行所有权或使用权让渡的活动。张士运（2014）把技术转移概括为技术转移是组织之间分享技能、知识、技术、制造方法、样本及人工制品，以便使更大范围内的中间或最终用户能够获取科学技术知识以及开发成果，并将这些知识和技术应用到新产品、流程、组织架构、应用、材料或服务中的过程。

美国和欧盟地区拥有健全的科技成果转移转化体系。政府的技术转移举措，有效地推动了科技成果的转移和转化，其经验有借鉴意义。最有代表性的两个跨国技术转移模式是美国国家技术转移中心（National Technology Transfer Center，NTTC）和欧盟创新释站（Innovation Relay Centre，IRC）。美国国家技术转移中心是政府全资非盈利性技术服务机构模式的代表，欧盟创新释站是政府出资的科技中介模式的代表，接下来对这两个重要技术转移机构模式的特点进行分析。

9.1.1 美国国家技术转移中心

NTTC 是经美国国会批准成立的政府全资非盈利性技术服务机构，是美国技术转移及技术成果产业化领域的先驱者。美国国家技术转移中心全职工作人员 110 名，经费主要来自航空航天局、能源部和联邦小企业局等。

经过多年的运作，美国国家技术转移中心形成了由联邦实验室和大学研究机构、企业、专家网络、6 个地区技术转移中心组成的技术转移网络。

美国国家技术转移中心提供技术与市场评估、技术信息服务及知识管理服务、技术转移相关主体领域培训服务等内容。其最主要的任务是通过自己的网络和 6 个地区技术转移中心的信息网将联邦政府资助的联邦实验室、大学等的研究成果面向全国企业推广。此外，中心还利用自己的关系，帮助企业寻找所需技术。

目前为止，美国国家技术转移中心进行了 4000 种以上的技术和市场领域的全面技术评估。中心还为政府分配了超过 40000 种的技术支持包，并且为企业进行了 1582 种以上的技术查询。图 9-1 是美国国际技术转移中心的运作模式图。

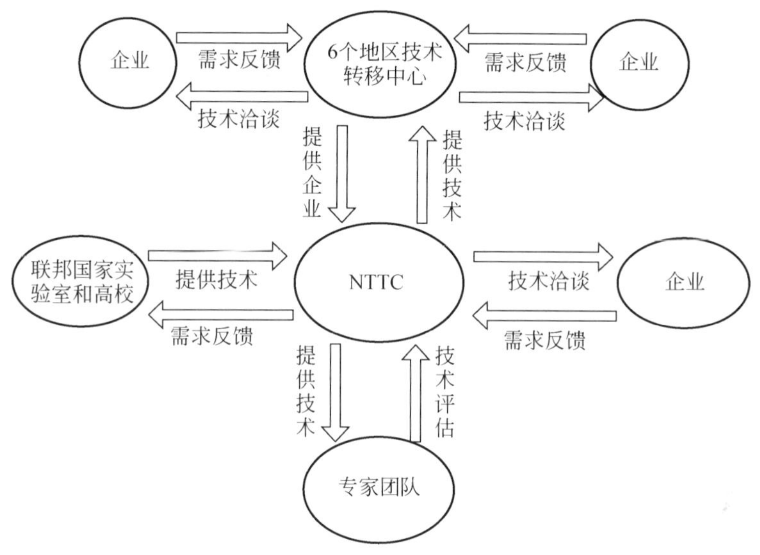

图 9-1　美国国际技术转移中心运作模式

9.1.2　欧盟创新驿站

创新驿站（Innovation Relay Centre，IRC）源于 1995 年欧盟出台的欧盟创新驿站网络计划，该计划的主要目的在于促进欧盟中小企业间的技术合作和技术转移。从本质上讲，创新驿站是一种由政府出资的科技中介机构。

创新驿站的概念起源于欧盟创新驿站网络。欧盟创新驿站网络是由欧盟研发信息服务委员会（Community Research and Development Information Service，CORDIS）于 1995 年根据《创新和中小企业计划》资助而建立的，是促成欧盟各国中小企业技术合作和技术转移、促进经济发展的科技中介网络，由各国协调机构、创新驿站和内部商业公告板系统（Business Bulletin System）组成。

2008 年 IRC 并入 EEN（Enterprise Europe Network），现已成为一个覆盖全球 48 个国家和 570 多个商务机构的多功能综合性创新支持网络。在 2002 ~ 2006 年第六个框架计划的支持下，71 家创新驿站紧密合作，促成 12500 个技术转移协议，帮助了 55000 个客户获得了他们所需要的技术或将其研究成果付诸实际。创新驿站极大地促进了知识的跨区域流动，在信息技术和专业技术经纪人支持下所体现出来的跨区域技术资源高效配置作用已得到欧洲许多国家的高度认可。

图 9-2 和图 9-3 分别是 IRC 的运营框架和具体流程。

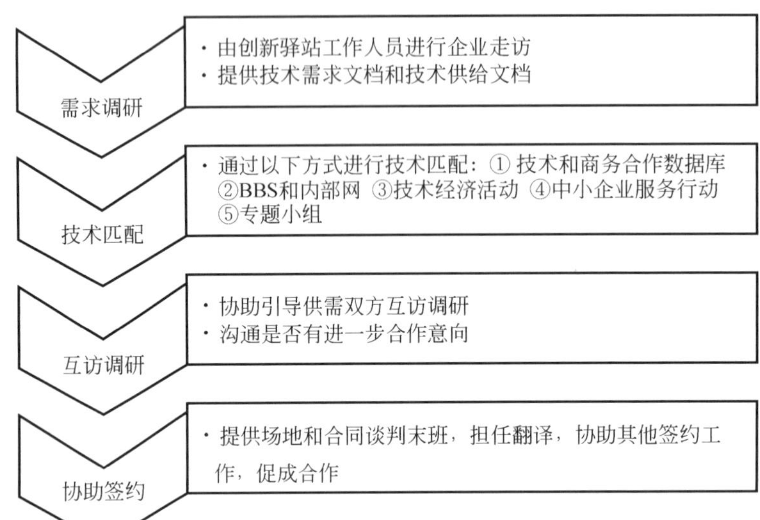

图 9-2　创新驿站运行框架

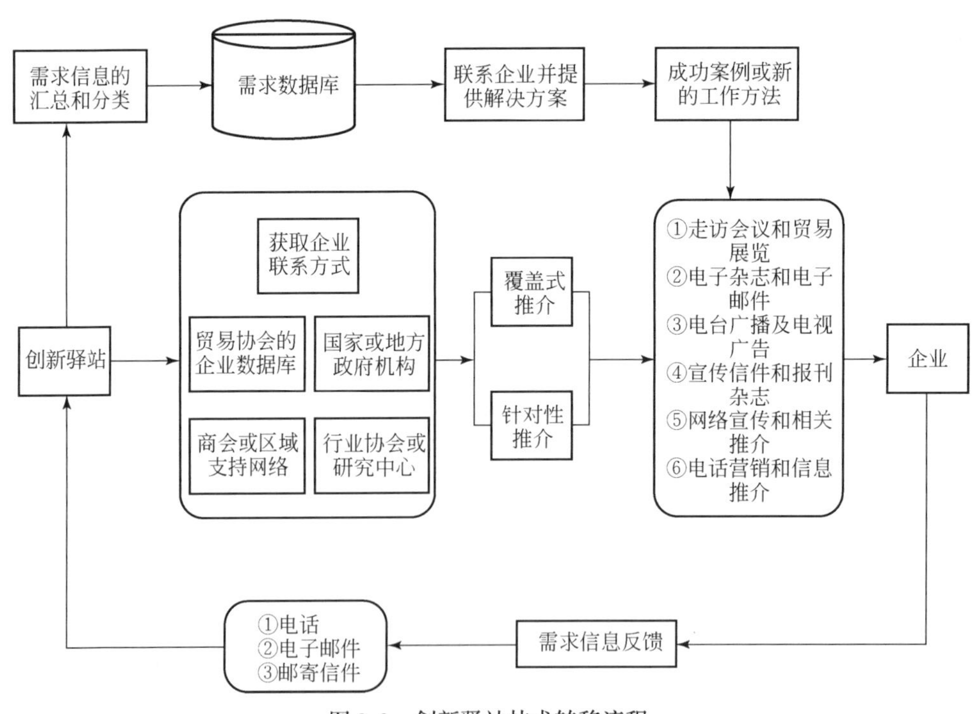

图 9-3　创新驿站技术转移流程

9.2 国外技术转移模式经验分析

成功的技术转移模式一直是理论和业界关注的焦点。目前，世界上重要的、最具有代表性的成功技术转移模式是美国大学 OTL（Office of Technology Licensing）高校职能部门（非独立法人）模式和日本社会性企业 TLO（Technology Licensing Organization）（独立法人）技术转移模式。

9.2.1 美国技术转移模式

美国自20世纪80年代起在许多大学和研究机构都纷纷建立了 OTL 等专门机构，其中美国麻省理工大学的 TLO（Technology Licensing Office）和美国斯坦福大学的 OTL 最具代表性。

图9-4是美国麻省理工大学的 TLO 在实际工作中的具体流程。在技术转移流程上，技术研发完成需要对科研成果进行预披露，之后技术转移从业人员会找到相关专家对科技成果进行评估，并考虑如何对技术进行有效的保护。如果科研成果被认定为有市场前景，那么技术转移从业人员会寻找有潜在需求的企业进行接洽。在开展技术市场化方面，包括对外许可和组建公司。如果相关企业有技术需求，会与技术转移从业人员谈判沟通，对技术本身提出相关要求。合作达成之后，技术转移组织会对合作各方进行回访求更进一步的合作机会，最终获取回报并且可以用来继续支持技术研发。

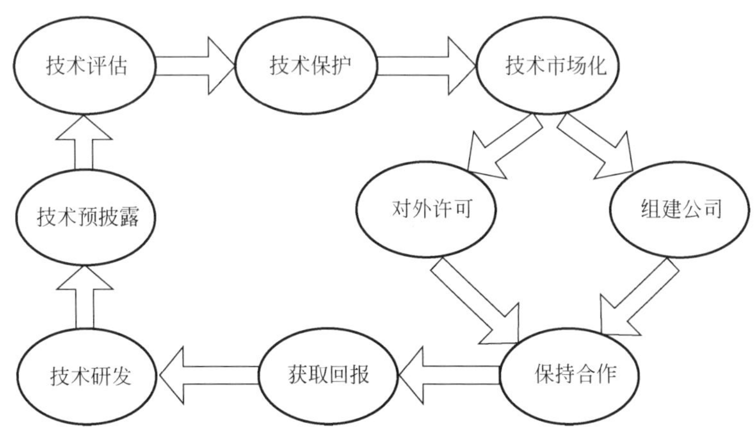

图9-4 美国麻省理工大学 TLO 运营流程

美国斯坦福大学的OTL建立的最早、也最成功，其三种合作模式如图9-5所示。合作模式包括现有技术授权、合作开发技术、OTL合作模式三种。现有技术授权首先开展技术调查，然后开展技术评估，接着确定授权合同条款，并维持合作关系；合作开展技术首先开展自身需求分析，在此基础上寻找学术人才和团体，并与目标人才和团体洽谈合作模式与具体条款，并维持合作关系；OTL合作模式与上述两种模式不同，首先开展自身需求分析，在此基础上寻找和加入科技联盟，付费参加活动，并定期评估合作关系。

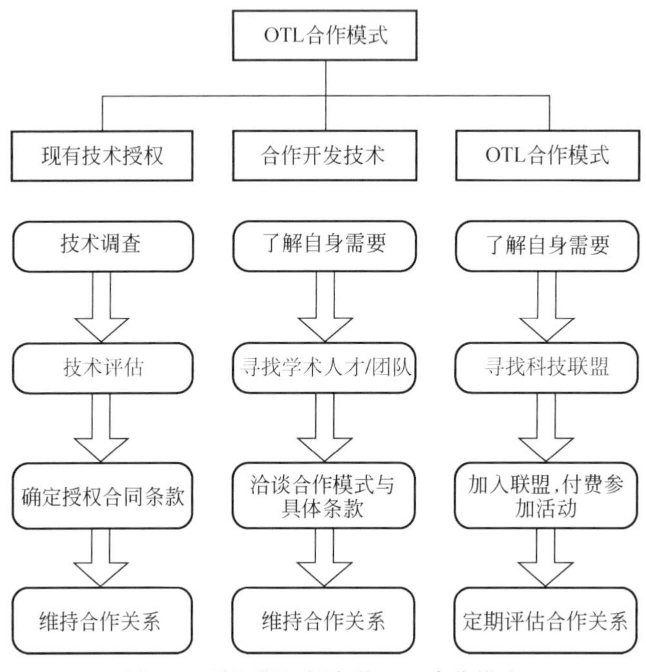

图9-5　美国斯坦福大学OTL合作模式

9.2.2　日本技术转移模式

通过对比分析日本诸多的技术转移机构，整理出日本诸多技术转移机构的运营机制和运营流程，如图9-6和图9-7所示。

日本诸多技术转移机构的运营机制中，日本TLO处于中介位置。高校研究所将技术研发成果披露给日本TLO，日本TLO将其送至评估机构进行技术评估。若技术评估可行需申请专利，日本TLO向专利代理机构提交专利申请。日本TLO与企业进行技术合作谈判，并开展技术转移，而企业向日本TLO支付许可费用。最后，日本TLO向高校研究所返还收益。

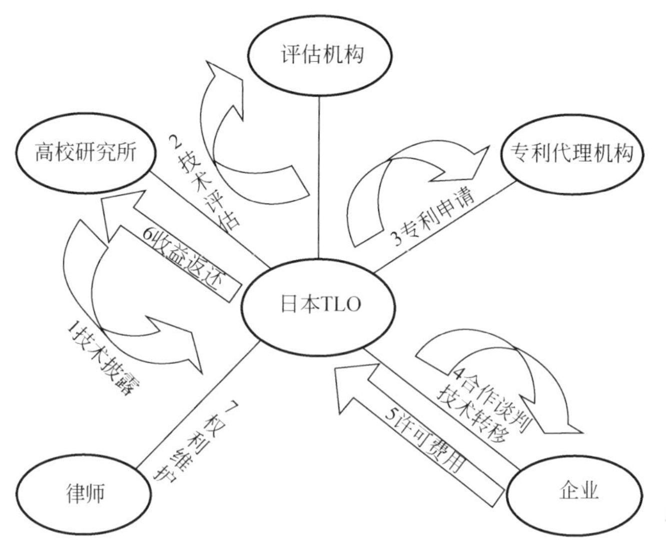

图 9-6　日本 TLO 运营流程

日本技术转移机构的合作模式包括内部一体、外部一体、全方位一体。内部一体是高校、TLO 直接与企业进行合作；外部一体是单个高校通过 TLO，开展与企业的技术转移；全方位一体是 TLO 与多个高校、多个企业进行对接，来开展技术转移合作。

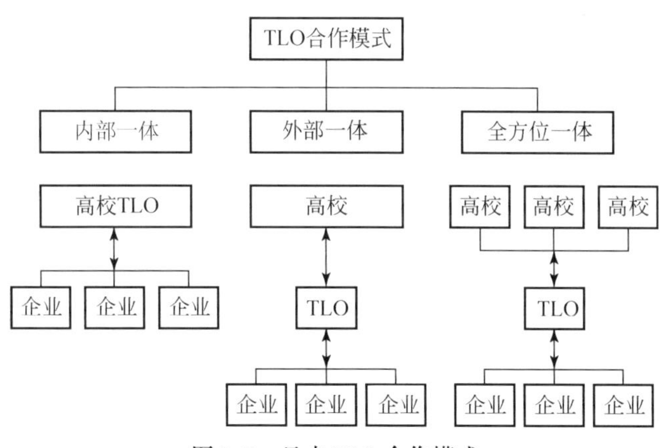

图 9-7　日本 TLO 合作模式

9.3 国外技术转移特点对比与分析

9.3.1 美欧代表性技术转移机构对比与分析

NTTC 与 IRC 在各方面的相同点与差异性如表 9-1 所示。

表 9-1 NTTC 和 IRC 的对比

	NTTC	IRC
组织性质	政府全资非盈利性技术服务机构	政府出资的科技中介
组织结构	该组织以国家技术转移中心为中心，由联邦实验室、大学研究机构、企业、专家网络及 6 个地区转移中心共同组成	该组织由欧盟各国协调机构、创新驿站和内部商业公告板系统组成
运作模式	国家技术转移中心→从联邦实验室和大学技术机构获得信息→通过自身网络及 6 个地区技术转移中心寻找潜在合作企业→促成双方达成合作协议 企业把技术需求发给中心→中心代为寻找合适研究机构和研究成果	企业走访做需求调研和鉴别→通过技术和商务合作数据库做技术匹配→通过互访调研协助引导供需双方增进了解→协助签约
服务内容	中心提供：技术与市场评估、技术信息服务及知识管理服务、技术转移相关主体领域培训服务等内容	组织提供：信息整合服务、技术评估服务、企业分析服务、知识产权服务等内容

通过以下几个方面的对比分析，可以了解美欧代表性技术转移机构的特点：

1）组织性质

NTTC 是经美国国会批准成立的国家级非营利性技术服务机构，全职工作人员 110 名，经费主要来自航空航天局、能源部和联邦小企业局等。欧盟创新驿站网络是由 COR-DIS 于 1995 年根据《创新和中小企业计划》资助而建立的，是促成欧盟各国中小企业技术合作和技术转移、促进经济发展的科技中介网络。由此我们可以看出，二者都是由政府层面组织领导的中介网络。区别在于，前者的服务区域是整个美国，是国家性组织，而后者的服务区域则是整个欧盟，是区域性组织。

2）组织结构

在组织结构方面，美国国家技术转移中心是以国家技术转移中心为中心，由联邦实验室、大学研究机构、企业、专家网络及6个地区转移中心共同组成。而欧盟创新驿站则是由欧盟各国协调机构、创新驿站和内部商业公告板系统组成。

3）运作模式

在运作模式方面，美国国家技术转移中心的主要任务是从联邦实验室和部分大学的技术机构获取信息，再通过自身的网络以及与6个地区技术转移中心的信息网在全国范围内寻找企业，并由中心介绍实验室和企业接触，促使企业和研究机构达成技术合作意向。在这一过程中，中心的专家网络会参与技术评估的工作，同时中心会具体情况收取一定费用。与此同时，美国国家技术转移中心利用自己的关系，帮助企业寻找所需技术。企业把所需技术发给中心，并由中心代为寻找合适的研究机构和研究成果。一般而言，中心在整个技术转移过程中是一个信息交换的场所，并充当了“介绍人”和“担保人”的任务。

与美国国家技术转移中心不同的是，IRC主要以走访企业、调研需求开始，然后通过自建的技术和商业数据库进行匹配，从而引导技术转移合作。在IRC中，每个国家的创新驿站均有一个中央协调机构（National Coordinators，NC）。各国的协调机构通常为在技术转移方面经验丰富，能够促进跨国技术转移，并且有相关项目实施经验的机关企事业单位，由创新驿站网络计划的负责人在各国协调机构的候选者中挑选成立的。协调机构负责本国创新驿站项目的实施，选择合适的地点设立创新驿站，并且将其扩大并接入到整个创新驿站网络中，同时还负责帮助欧盟评价本国创新驿站的运作情况。

4）服务内容

在服务内容上，二者的服务内容基本相似，都提供技术与市场评估、技术信息服务及知识管理服务、技术转移相关主体领域培训服务等。除此之外，IRC还提供给企业知识产权服务，欧洲EEN网络与世界知识产权组织（WIPO）、国际商标协会（INTA）、NPTOs网络服务台、欧洲专利局（EPO）、内部市场协调办公室（OHIM）、知识资产中心（IAC）、知识产权服务台、中国知识产权服务台等众多机构都建立了紧密联系。创新驿站的一个重要功能便是促进中小企业之间的跨国技术合作，而知识产权服务几乎贯穿技术合作协议的整个生命周期。创新驿站为客户提供的知识产权服务包括专利申请援助、知识产权培训、知识产权咨询、知识产权审查、知识产权评估、专利新颖性扫描等。

9.3.2 国外技术转移模式对比与分析

通过分析对比美国斯坦福大学和麻省理工大学各自的技术转移机构，可以发现它们之间存在的共性特点，虽然这些机构分属不同的大学，但是在组织性质、研发模式、运营流程等方面，它们大都是一致的。同样的情况适用于日本的 TLO 模式，通过对比分析，可以看出它们之间的共性和不同。表 9-2 对美国 OTL 与日本 TLO 两种典型模式进行了对比和分析。

表 9-2 美国 OTL 模式与日本 TLO 模式对比分析

	美国 OTL 模式	日本 TLO 模式
组织性质	高校职能部门（非独立法人）	社会性企业（独立法人）
研发模式	外部资助模式：由学校以外的企业、联邦政府提供进行专利研究的资金和材料 校内资助模式：由学校内部设立各类科研基金会，供校内人员申请使用 合作研究模式：由学校与其他高校、科研机构、企业开展合作研究	高校自主研发：由学校自建科研院所进行科研活动 高校与 TLO 共建研发机构：高校与 TLO 共同出资设立研发中心
组织人员	人员构成：主要由专利授权专员和授权助理组成 人员要求：授权专员必须在生命科学领域或者物理科学领域具备相关的技术专长；要求拥有理工学位或相关技术背景，同时具有商业管理经验	人员构成：主要由技术转移经理组成 人员要求：技术转移经理均有技术背景，有的还具有专利代理人资格
转移流程	技术转化流程：技术发明披露→商业化评估→技术营销→商业谈判→技术许可→收益分配→合作关系管理	技术转化流程：科研成果披露→成果评估→宣传推广→技术许可→利益分配→转化反馈
激励模式	收益分配： 学校技术许可办公室提取 15% 管理费，剩余收益平均分成三份，一份给发明者所有，一份归发明者所在的系所有，最后一份归发明者所在的学院所有；而对于专利入股所获得股权收益，先扣除股权收益的 15% 作为技术许可办公室管理费用，剩余净收益在发明者和学校之间分配	收益分配： TLO 扣除管理费和代理费后，一般将剩余收入在发明人、发明人所在院系及学校之间分配，也有将剩余收入在发明人和学校之间分配

下面对比分析这两种模式的异同：

1）组织性质

美国斯坦福大学技术转移办公室是隶属于学校的职能部门，并不具有独立的法人资格，它开展工作都是以学校的名义进行。日本北海道 TLO 株式会社是社会企业，具有独立法人资格，它是在高校和企业之间的中介组织。总体而言，虽然二者所从事的工作基本类似，都是做技术转移工作，但组织性质不同。

2）研发模式

总体而言，美日代表性技术转移模式差距并不是特别的大。美国斯坦福的 OTL 模式主要由校内资助、校外资助和校企合作研究三种模式构成。日本北海道 TLO 模式主要是由校内资助和高校与 TLO 共建研发中心两种模式构成。二者在研发模式上基本相同，唯一的区别在于，日本北海道 TLO 模式下没有校企共建研发中心的研发模式，这跟 TLO 的性质有很大的关系。因为 TLO 本身作为一个中介组织，是连接高校和企业的桥梁，它负责把高校的科研成果推向社会，同时把企业需求转达给高校，整个工作模式决定了它少有校企共建研发中心的合作模式。

3）组织人员

在技术转移组织中，虽然二者对于工作人员的称谓不尽相同，但其工作人员的工作性质和对工作人员的要求基本上是相同的，二者均要求从业人员具有理工科的技术背景，最好再具有商业管理经验。由此我们可以看出，对于该行业的从业人员，应当是掌握多种知识技能的复合型人才。

4）转移流程

在技术转移流程上，首先都需要对科研成果进行披露，之后技术转移从业人员会找到相关专家对科技成果进行评估，如果科研成果被认定为有市场前景，那么技术转移从业人员会寻找有潜在需求的企业进行接洽。如果相关企业有技术需求，会与技术转移从业人员谈判沟通，对技术本身提出相关要求，最终达成合作协议。合作达成之后，技术转移组织会对合作各方进行回访求更进一步的合作机会。

5）激励模式

在激烈模式方面，二者的措施基本一致。在技术转移组织扣除了管理费之后，剩余收益会在发明者、发明者所在院系和学校三者之间分配。不同之处大致有三个方面：一是技术转移组织扣除的管理费的数目不一样；二是日本 TLO 模式有时候并不会分配收益给院系，而是直接给学校；三是当技术转移模式涉及用专利入股的时候，具体分配模式具体考虑。

通过比较我们可以看到，两种技术转移模式在许多方面都是相同的，这主要由以下两个方面的原因决定：一方面是日本的北海道 TLO 株式会社模式在建立之初就是模仿美国的斯坦福 OTL 模式进行组织的；另一方面是因为技术转移组织的工作性质决定了二者在工作流程上较小的差异性。二者最大的差异，就在于美国斯坦福大学的 OTL 是学校的职能部门，而日本的非海道 TLO 株式会社是一个从事科技中介服务的社会公司。

除此之外，日本北海道 TLO 株式会社模式采取了会员制模式。在日本，大约 80% 的 TLO 采用了会员制。会员多为企业，有的 TLO 还接收个人（包括研究人员）会员。在会费上，各 TLO 的差别也较大。有的 TLO 是按企业规模分，或会员级别分，多在 5 万 ~20 万日元之间，个别 TLO 会费很高。会员享有的权利主要是优先获得专利信息、研究报告等。TLO 每年还面向会员企业举办 10 次左右的研讨会，将大学的最新研究成果向会员进行介绍，会员企业均可免费参加。另外，TLO 会对申请的专利保密 3 个月，只有会员才可以享用。

为了使得“入会”效益最大化，会员企业会提高同 TLO 合作的积极性与主动性，而且格外关注各项技术成果，同时为了吸引新会员和维持目前的会员，在研究方向上，学校、科研院所就会更加注意把握市场发展的动向，充分考虑企业对技术成果的认同和接受能力。从某种程度上来讲，会员制是一个客户关系管理系统，也是一个知识管理系统。它实际上是对项目经理所掌握的客户资源进行了共享而成为公司的资源，使得客户关系不再依赖于某个人。会员制的运作方式同 TLO 的核心是完全吻合的，这种方式是日本 TLO 的一个重要特点。

9.4 国外经验的借鉴和启示

通过对 NTTC 与 IRC 之间的对比，我们看到了不同国家和区域间技术转移中介的运作模式和各自特点；通过对美国斯坦福 OTL 模式和日本北海道 TLO 株式会社模式之间的对比，我们可以了解当今世界主流的创新技术转移模式。就国内而言，基于中国体制的现有情况，目前尚无成熟运作的国家技术转移中心或类似国家创新驿站的模式组织；现阶段从事 CCUS 研究工作的院所单位均尚无成熟的类似于斯坦福 OTL 模式的办公室，社会企业也没有类似于日本北海道 TLO 模式的公司。因此，有必要研究国际上述典型模式将创新科研技术转化成生产力的运作经验，应用于 CCUS 示范项目技术转移机制设计。

本节基于美国 OTL 和日本 TLO 技术转移模式对比、美国和欧盟政府出资机构参与的技术转移模式对比的研究内容，结合具体的 CCUS 国际合作实践，提出中国开展 CCUS 示范项目可以借鉴的经验，促进技术转移，使不同国家、不同机构在 CCUS 领域的合作达到双赢的效果。美、日、欧技术转移经验借鉴主要包括以下方面：

1）组织性质

CCUS 示范项目合作是以实现大规模商业化可推广 CCUS 全流程示范工程为目标，承担示范项目技术合作与技术转移任务的运作机构，并不适于研究院所或高校的职能部门，而应该是能够为项目商业化、为社会企业服务的、能实现技术转移中介作用的组织。建议在技术转移承担机构组织性质方面，借鉴采用日本 TLO 株式会社的模式，使其以国家性组织或跨区域性组织的性质具有独立法人资格，或成为示范项目中承担市场化的部门，作为联系中国与全球范围合作单位的桥梁，推进 CCUS 示范项目技术转移工作。

2）研发模式

目前，中国国际合作 CCUS 示范项目主要由外方资助、中方建设和国际技术支持三种模式构成。研发模式主要由项目研发任务资助和共建研发中心两种模式构成。实际项目研发任务现主要由中方参与单位承担，外方合作单位提供支持。真正推进技术研发合作并有效创造与管理知识产权成果，中外共建研发中心将是非常好的合作研发模式，可以分为政府主持管理的国际 CCUS 合作研究中心，与双方重要 CCUS 示范项目单位合作共建的示范项目 CCUS 合作研发中心，而合作研发的组织模式将直接影响 CCUS 技术转移承担机构的工作任务与运作形式，CCUS 技术转移承担机构是连接研发团队和工程商业化的桥梁，它负责把研发团队的科研成果推向工程管理实践，从而影响到中国国际 CCUS 项目的合作模式。

3）组织机构与组织人员

组织结构可以由科研院所、大学研究机构、企业、专家网络、实施企业技术转移部门共同组成，还应该由各国协调机构、创新驿站、知识产权管理部门和商业公告板等系统组成。而技术转移组织工作人员应当要求具有理工科的技术背景，最好再具有商业管理经验、必要知识产权知识、中国及相关国际的法律知识。由此可以看出，CCUS 技术转移组织的从业人员，应当是掌握多种知识技能的复合型人才。

4）运作模式

在 CCUS 示范项目技术引进运作模式方面，技术转移的首要任务是从 CCUS

示范项目设计中获得项目技术引进需求，在全球范围内寻找可以满足技术需求的技术转移目标并进行比较遴选。示范项目技术需求可以通过走访企业、调研需求、征询专家，研究工程设计文件进行，然后通过自建的 CCUS 关键技术和全球专利数据库进行匹配，研究出 CCUS 示范项目关键技术需求。通过自身的企业与研究机构网络，以全球对应关键技术知识产权信息检索为引导，在全球范围内寻找技术设备引进意向企业，并由技术转移机构介绍与中外企业组织接触，促使中外企业达成技术合作，并在技术转移谈判中给予法律、管理与跨国技术转移经验指导。

在这一过程中，技术转移机构组织的专家网络会参与技术评估的工作，根据具体情况会收取一定的专家评估费用。技术转移支持机构利用自己的人员与关系，通过全面工作帮助企业寻找所需技术，并促成技术洽谈和技术转移运作实现。CCUS 技术转移承担机构的地位是 CCUS 技术转移合作中的中央协调机构。

CCUS 项目在推进创新研发成果技术转化流程上，首先需要对科研成果进行披露，之后技术转移管理人员会找到相关专家对科技成果进行评估，如果科研成果被认定为有市场前景，那么技术转移管理人员会寻找有潜在需求的企业进行接洽。如果相关企业有技术需求，会与技术转移管理人员谈判沟通，对技术本身提出相关要求，最终达成合作协议。合作达成之后，技术转移组织会对合作方进行回访，维护各方关系，以求更进一步的合作机会。

5）服务内容

CCUS 技术转移组织在服务内容上，应当提供技术与市场评估、技术信息服务及知识管理服务、技术转移相关主体领域培训服务等，并根据中国企业的实际情况提供知识产权服务，与世界知识产权组织（WIPO）、欧洲专利局（EPO）、内部市场协调办公室（OHIM）、中国专利局（SIPO）、IRC、中国知识产权服务台等众多机构都建立紧密联系，促进 CCUS 研究院所和企业之间的跨国技术合作，而知识产权服务几乎贯穿技术合作协议的整个生命周期，为客户提供的知识产权服务包括专利申请援助、知识产权培训、知识产权咨询、知识产权审查、知识产权评估、专利新颖性扫描等，并应对知识产权管理实力尚不成熟的中国企业提供中欧知识产权与技术转移指南。

6）激励模式

CCUS 项目技术转移工作应当在激励机制下进行，技术转移机制因从事与推进中外技术转移合作的实现而获得应有比例的管理费之后，技术转移的实现收益在技术收益者、技术支持者、项目推进者三者之间分配。而技术转移的实现成果运行在 CCUS 示范项目中的经济收益，示范项目出资方与牵头管理方应当有权利要求适宜分配，具体分配模式建议应当在达成 CCUS 合作协议前约定。如果欧方在有限经济援助内并未要求示范项目商业运营后的经济收益分红，中方也可以不提，合作协议达成前无约定，在收益分配时应当视为无约定。

从上述对美国、日本以及欧盟的技术转移组织的分析中可以看出，这些组织的建立往往因为本国情况的不同而有所差异，因此对于中国的 CCUS 项目，所意图构建的技术转移组织也应当根据中国的国情而建立。在前面的技术转移模式对比的论述中，技术转移组织的形式有高校、企业以及具有事业单位性质的国家级技术转移中心。对于中国政府及其他国家或地区牵头的 CCUS 项目，中国 CCUS 技术转移组织的建立可以向具有事业单位性质的国家级技术转移中心学习，如 NTTC、IRC 等等。在这种组织形式下的 CCUS 技术转移组织具有非盈利、政府主管、科技中介等性质。与美国斯坦福大学的 OTL 及日本的 TLO 相比，代表政府的技术转移中心具有更好的技术推广能力和权威性，首先一个国家级的技术转移中心的服务范围可以面向全国企业、发明者和其他技术组织机构，同时还可以面向国际、代表中国向外进行技术推广，实现技术的跨国转移，在某种意义上有可能成为国内中小企业向国外输出技术转移更具效果。由于各类技术转移都不可避免地存在一定的风险，技术转移中心的政府属性使得这些风险受到了一定的控制。

综合对 NTTC 和 IRC 的分析，总结了以下几点可借鉴之处供中国 CCUS 技术转移组织的构建参考：①多元化的组织构成。从 NTTC 可以看出，尽管是国家性质的组织，但是却是由联邦实验室、大学研究机构、企业、专家网络及 6 个地区转移中心共同组成；IRC 也是由成员国组织共同组成。②技术中介性质的服务模式。根据前述的分析，NTTC 和 IRC 两个组织都是致力于与技术相关信息的交换工作，为实现技术供需平衡而服务。③服务内容多种多样。NTTC 和 IRC 的服务范围都不仅仅限于技术转移中介的工作，还会涉及与技术转移有重要联系的一些工作，如技术与市场评估、技术信息服务与知识管理服务（构建技术数据库）、技术转移培训服务等等，而且在目前它们还在不断拓展其他具有重要意义的服务。

第 10 章

总结与建议

10.1 总　　结

在全球减排压力日益突出的背景下，CCUS 技术因具有实现大规模减排 CO_2 的潜力，而被视为未来减排的重要支柱之一，国际社会日益重视。CCUS 是众多技术的集群，涉及技术种类和知识产权繁多。通过对全球在 CCUS 全技术链的关键技术的专利分析，我们对全球 CCUS 领域的知识产权及技术转移转化问题有深刻认识，主要结论如下：

10.1.1 CCUS 技术全球专利总体态势分析

（1）CCUS 专利数量总体呈增长趋势。特别是近 10 年，多数国家相关专利数量不同程度的大幅上涨，相关技术创新增多。

（2）日本、美国、中国和欧盟的 CCUS 专利数量远超其他国家。从单个国家来看，日、美、中三国的专利数量较多；德、英、法等欧洲国家尽管数量上不如前三国，但作为欧共体而言，欧洲的 CCUS 专利数量并不低。

（3）从技术分布来看，CCUS 专利分布在 CO_2 捕集、运输、地质利用等至少 13 个技术方向上；但总体来看，CO_2 捕集技术的专利比较集中，数量最多的专利分布于气体或烟气中，CO_2 分离、碳捕集及化合物研究、CO_2 固体吸附剂的制备、再生或活化技术等研发方向。

（4）美国 CCUS 专利技术分布较为均衡；美国、俄罗斯、挪威在 CO_2 驱强化采油、天然气、地下水等专利上具有优势；英、法两国在 CO_2 固化吸附技术上有较多专利；日、韩两国的 CO_2 捕集专利数量占本国 CCUS 专利的 80% 以上；中国和俄罗斯该比例均接近 80%。

（5）从专利权人来看，阿尔斯通、通用、壳牌等国外跨国公司比较重视 CO_2 技术创新和申请专利，反映出这些公司重视新兴技术研发、以求在新兴市场占据主要地位的战略布局。

10.1.2 CO_2捕集与运输技术清单及专利分析

（1）某油田 CCUS 项目设计捕集技术阶段采用“初始烟气—CO_2捕集技术—再生塔—干燥技术—压缩技术”技术流程；某电站 CCUS 项目设计捕集技术阶段采用“炉膛出口烟气—脱销技术—传统电除尘器装置—脱硫技术—CO_2捕集、干燥阶段—CO_2压缩阶段—CO_2冷却液化阶段”技术流程。

（2）分析并建立了 CCUS 捕集关键技术清单，运用全流程关键技术评价方案，根据专家咨询结果，以 CCUS 富氧燃烧捕集为例对关键技术进行了技术评价。

（3）建立了 CO_2捕集与运输关键技术专利数据库。CO_2捕集与运输关键技术总共含有 60 项关键技术的专利，其中中国专利累计 7352 项，全球专利族 23353 项。在 CO_2捕集与运输关键技术的全球专利布局中，中国在 CO_2捕集技术方面专利布局密集，CO_2管道运输方面专利较少。

10.1.3 CO_2地质利用与封存技术清单及专利分析

（1）构建了 CO_2地质利用与封存关键技术清单，并对 CO_2地质利用与封存关键技术开展全球专利检索、统计和遴选，合计检索专利数量为 16612 项。

（2）根据关键核心技术在国内外不同的发展水平、差距及专利数量的差异，选出大流量高效注气泵（CO_2）、封隔器/封堵/封隔技术（CO_2）、微震监测、合成孔径雷达、气体成分检测、3D 地震、环境影响评价、气体多层流量控制技术、力学稳定性、地质建模等 10 项我国可能需要引进的技术，并开展专利分析。

（3）根据技术领域国内外情况、专家咨询、被引次数等，确定核心专利。按照专利的技术领域、被引次数等详细信息，并对这些专利进行解读。

10.1.4 MEA 技术专利分析

（1）美国机构、法国公司、荷兰公司的 MEA 专利总数最多；其次法国石油研究院、三菱重工、壳牌、巴斯夫、清华大学的 MEA 专利申请数量较多，中国应加大对 MEA 技术的研发与专利申请，避免相关技术受到市场制约；

（2）与中国机构相比，国外机构更为注重全球范围的专利保护。三菱、壳牌、陶氏化学、巴斯夫4家机构申请的专利保护地区最多；欧洲、北美和中国是研发机构专利保护的重点地区/国家。因此，中国不仅要注重专利的全球保护，更应该对在华申请的外国专利提高警惕，以防阻碍中国的技术进步并保护国内市场；

(3) 吸附分离方法和酸性气体中 CO_2 的分离技术是MEA研发机构普遍关注的热点问题，尤其是在能耗、吸收效率方面的专利申请较多；在近3年中，各机构的专利技术侧重各有不同，这可能与机构的发展方向和定位有关；

(4) 从高被引频次来说，从烟气、废气或酸性气体中分离脱除 CO_2 的技术仍然是各主要研发机构的核心专利，受到重点保护，如果技术转让，可能会产生高昂的转让费用。

(5) 从机构间合作关系来看，大部分专利为机构独立申请，仅有少部分机构有合作关系，但只限相同的所属国的机构之间存在这种合作关系。日本三菱重工和关西电力之间合作关系最强，合作申请专利达到50%以上。

10.1.5 CO_2 压缩机技术专利分析

(1) 从全球来看，中国、美国、欧洲、日本和英国是主要的专利来源国，中国是 CO_2 压缩机专利申请量最大的国家。从申请人国别来看，来自美国的发明人专利数量最多，有707项关于 CO_2 压缩机技术的专利申请，占专利总数的37.97%。

(2) 中国的技术研究范围与全球大致相同，但技术发展水平较国外还有一定差距。中国专利价值分布范围集中在50分以下，价值60分以上的专利数量明显较少。中国全部目标专利都没有被引证过，反映出专利影响力和技术水平还有待进一步提高。

(3) 位于专利竞争力前3的专利权人是Panasonic Corporation（日本）、Air Liquide（法国）和General Electric Company（美国）；市场竞争力前3的专利权人是Royal Dutch Shell Plc（荷兰）、Bp Plc（英国）和Exxon Mobil Corporation（美国）。法国、美国和日本等发达国家非常注重中国市场的专利布局，以期占领更多的市场份额，获得更多的经济利益。

(4) 法国液化空气集团、美国通用电气公司以及德国林德集团在最近五年里都有较多的专利申请。这说明最近几年，上述公司在该技术领域的研发工作一直处于活跃的状态，这些公司也是将来中国的相关企业要进入该技术领域的主要关注对象。

10.1.6 地质建模与预测技术专利分析

（1）地质建模技术相关专利早在20世纪70年代就已经出现，2000年后，特别是2009年后，地质建模技术专利呈现出不断增长的态势。近年来，越来越多的发明人进入地质建模技术领域，并且每年都有新技术条目涌现。

（2）目前，地质建模技术的主要研究领域包括：①地质勘测方法和数据收集，例如地球物理中地震数据的处理、综合技术手段进行勘探或探测、地震、声学、光学外的方法勘探或探测等；②地质建模设计和数据处理方法，例如专门适用于特定应用的数字计算或数据处理的设备或方法、计算机辅助设计、复杂数学运算的数据处理等；③地质建模设备，例如用于地质建模的特定过程、系统或设备的模拟计算机、通过改变电量或磁量执行计算操作的器件等。

（3）地质建模相关专利受理数量最多的国家/地区依次是：美国、中国、加拿大、澳大利亚、挪威、法国、英国、墨西哥、俄罗斯等。美国专利受理数量超过150项，优先权专利数量超过120项，占到全球总量的40%以上。中国和法国是地质建模专利领域的后起之秀，2005年后相关专利数量快速上升。

（4）主要专利申请人中排名前三的是美国斯伦贝谢公司、美国埃克森美孚公司、法国石油研究院。中国机构主要有中国石油和中国石化，但与前三名仍存在差距。其中，美国斯伦贝谢公司、LOGINED公司、雪佛龙公司、PRAD研究与发展公司之间合作较多，且较多采用油气行业公司和IT行业公司合作的方式。其他主要地质建模专利申请人间的合作较少。

（5）斯伦贝谢公司是专利较多的公司，重要专利涉及流体或气体储层管理、变形地质结构建模、三维地质模型、岩层流体性质预测等。发明人方面，埃克森美孚的Thomas Sun拥有专利数量最多，其重点研究领域为油气开采的三维地质建模。斯伦贝谢公司的Gurpinar O M等重点研究领域为储层开发优化。发明人间很少形成固定的合作群体，且没有突出的群体核心发明人。

10.2 建　　议

通过开展全球CCUS专利态势分析、归纳CCUS关键技术清单及检索全球相关专利，并针对CCUS技术清单及急需技术/设备开展全球专利分析，发现与国外同类技术相比，我国在关键技术/设备的知识产权管理等方面存在着差距和补足。对此，我国应加快部署CCUS关键技术的研发，开展知识产权申请和保护，以免相关技术受制于人，具体建议：

（1）研究和借鉴国外成功 CCUS 示范项目的技术实现与管理经验。建议中国向英国、荷兰、挪威、加拿大、美国的在运营或设计 CCUS 项目，在技术转移中借鉴其在燃烧捕集、管道运输、海底封存、咸水层封存与 EOR、富氧燃烧、石油天然气工程设计等技术的实现与管理经验，主要包括：捕集系统烟气和蒸汽通气管道工艺、CO_2离岸海底管道建设、CO_2运输管道温控、管道铺设海底钻进、封存场地表征与场地建模；燃烧后碳捕集系统工艺、工业化悬浮颗粒、SO_2，NQ_x，Hg 脱除、CO_2驱强化采油、CO_2封存监测；CCUS 经济回收；高效率富氧燃烧碳捕集、长距离管道运输设计与施工、CO_2源汇匹配、海底地层钻井与 CO_2注封；CO_2管线设计和操作运营、多相流 CO_2释放模型、管道防断裂、管材防腐蚀、管线压降和仪器仪表、密相 CO_2腐蚀机理与腐蚀速率、CO_2泄露测试装置与仪表、CO_2散播检测器阵列、管道断裂捕捉技术；区域性场地表征、场地评估、许可和建造 IBDP 测试场地、收集和分析重点监测的基准数据、钻井和套管、地下注入、监控和建模、注入后监控和分析、管道配置与规格、阀室设计、注入井管和监控井配置、注入过程的含水量、冷却温度、环空压力、压缩机、管道润滑、管道绝缘、地层封存实效、储库保护等。

（2）加强政府顶层设计，从国家战略出发，统筹规划，建立以满足国家企业需求为主体、研究机构为重要支撑的 CCUS 技术应用研发实施体系。由于 CCUS 涉及的国家支撑产业、传统行业较多，应从国家需要出发，统筹规划，统一布局。建议政府加强顶层设计，设立 CCUS 领域相关配套政策，部署、启动 CCUS 科技创新工程以 CCUS 产业技术创新战略联盟，突出 CCUS 技术在国家能源与环境科技战略中的位置，统一协调“973”、“863”计划、科技支撑计划任务部署，设立 CCUS 项目群。以大学、研究所等科研机构为 CCUS 技术的重要支撑，充分发挥企业的市场主导作用和示范主体角色，构建 CCUS 研发应用机构强强联合实施框架，加强科研机构与企业的合作，构建技术应用研发实施体系，尽快打破国外机构对关键技术的垄断。

（3）制定既符合中国发展阶段、又具有国际视野的 CCUS 技术指南，开展 CCUS 技术预可研，识别 CCUS 技术的关键科学与工程技术问题，建立 CCUS 技术库与项目库，分阶段、有侧重、有序的支持 CCUS 创新，支撑 CCUS 技术可转化为现实生产力。CCUS 技术指南需要探索：中国通过 CCUS 技术实现煤炭利用近零排放的可行性和优选方案；研究并设计 CCUS 示范工程方案，对确定的示范项目开展可行性研究；CCUS 示范工程建设和运行所需要的装置设备；CCUS 示范工程建设和运行控制所需要的技术；全球先进 CCUS 项目的工程建设经验与问题；全球先期 CCUS 项目的运营管理实践经验等。

（4）加强国际技术合作与技术转移。CCUS 是主要以减缓气候变化为目的的气候友好技术，可能伴随一些经济效益，但大部分 CCUS 技术都会带来高昂的经济和资源代价。CCUS 工程投资巨大、建设和运行时间较长、带来的不确定因素和风险相对也较大、加上核心技术成熟度低、社会认识还有待加强，全球要实现 CCUS 规模化的减排作用，需各国的共同努力，才能有效减缓气候变化。发达国家应从自身责任和能力出发，在 CCUS 技术研发、工程示范、商业推广和资金支持方面承担更大的责任，推动该技术的早日成熟和商业化应用，并通过广泛的国际合作帮助发展中国家掌握和应用该技术。作为发展中国家，中国当前面临着发展经济、消除贫困和减缓温室气体排放的多重压力。需要切实加强国际合作，特别是积极利用各种国际机制推动发达国家向包括中国在内的广大发展中国家提供相关的技术和资金，加强合作研发与技术转移，推动 CCUS 技术在中国的发展。立足于现有项目参与研究院所和企业的技术转移部门或人员，构建 CCUS 技术转移活动承担组织。CCUS 技术转移活动承担组织是促成中国与各国 CCUS 企业机构技术合作和转移、促进经济发展的科技中介网络，是由政府层面牵头组织的中介网络，整合及协调各方科研力量和产业资源，与外方单位开展技术转移合作。涵盖的组织网络不仅包括由科研院所、大学研究机构、企业、专家网络、实施企业技术转移部门，还应包括各国协调机构、技术交易、知识产权管理部门和商业信息板等系统。

（5）建立 CCUS 技术合作项目技术转移机制。技术转移合作机制应当在于通过长效、有序的牵头管理、研究协作机制，推进有意于共同实现 CCUS 示范项目目标的企业、高等院校、科研院所等主体组织研究需求，洽询信息，谈判合作，协作转移，最大限度地整合、共享和引进技术设备资源，提升中国 CCUS 领域的整体技术水平，促进中方 CCUS 大规模示范项目建设，发挥 CCUS 技术在国家节能减排和应对气候变化的重要作用。CCUS 项目技术转移合作机制的建立与管理，应当设置具有牵头管理职能的双边技术转移工作委员会，设置常务秘书执行常态管理，主要任务为联络中欧项目参与单位技术转移信息交流与谈判合作，为示范项目在全世界意向单位中合作洽询。为支撑推进技术转移工作，双边技术和法律专家组应当根据示范项目建设需要开展不定期会议，并制作关于项目技术转移宣传材料和工作简报，进行信息交流。建议结合已经成立的中国 CCUS 产业联盟，建立开放注册管理的项目参与单位会员制。合作项目技术转移参与管理应当设计激励机制，政府管理部门可以因从事与推进中外技术转移合作的实现而获得应有比例的管理费，之后技术转移的实现成果收益在技术受益者、技术支持者、项目推进者三者之间分配。

（6）开展 CCUS 技术专利布局的研究和保护。对 CCUS 技术进行深度的专利分析，重视 CCUS 技术的知识产权保护，有效规避市场技术风险壁垒，促进中国在新技术上的自主研发。对 CCUS 的捕集、运输、利用与封存等各阶段的关键技术开展深入的全球专利分析，从着眼全球市场的角度，有针对性、有分类、有秩序地提出 CCUS 的专利布局并申请保护策略，设计完善的知识产权保护机制与体系，促进企业间的合作。对处于同一发展水平或差距不大的技术，要加强科技规划与布局，加快自主创新和专利申请，从与国外“并跑”变成“领跑”，不断扩大技术优势。对于差距较大的国外成熟技术、而国内尚不成熟的技术，可采取引进、吸收、消化、再创新的方式，尽快形成具有自主创新和自有知识产权的技术。对于国内外都不成熟、但差距较大的技术，应努力从“跟跑”变为“并跑”，加快研发部署，积极申请知识产权，避免技术发展受制于人。

参考文献

包炜军，李会泉，张懿 . 2007. 温室气体 CO_2 矿物碳酸化固定研究进展 . 化工学报，58：1-9

刁玉杰，张森琦，郭建强，等 . 2011. 深部咸水层 CO_2 地质储存地质安全性评价方法研究 . 中国地质，38（3）：786-792

范英，朱磊，张晓兵 . 2010. 碳捕获和封存技术认知，政策现状与减排潜力分析 . 气候变化研究进展，6（05）：362-369

方志明，李小春，李洪 . 2010. 混合气体驱替煤层气技术的可行性研究 . 岩土力学，31（10）：3223-3229

费维扬，艾宁，陈健 . 2005. 温室气体 CO_2 的捕集和分离——分离技术面临的挑战与机遇 . 化工进展，24（1）：1-4

傅正华，林耕，李明亮 . 2007. 我国技术转移的理论与实践 . 北京：中国经济出版社

高春芳，余世实，吴庆余 . 2011. 微藻生物柴油的发展 . 生物学通报，46（6）：1-5

韩峻，施法中，吴胜和，等 . 2008. 基于格架模型的角点网格生成算法 . 计算机工程，34（4）：90-92

贾爱林 . 2011. 中国储层地质模型 20 年 . 石油学报，32（1）：181-188

靳治良，钱玲，吕功煊 . 2010. CO_2-现状与展望 . 化学进展，22（6）：1102-1115

孔红兵，柳朝晖，陈胜，等 . 2012. 600MW 富氧燃烧系统过程建模及优化 . 中国电机工程学报，2：53-60

李小春，方志明 . 2007. 中国 CO_2 地质埋存关联技术的现状 . 岩土力学，28（10）：2229-2232

李小春，方志明，魏宁，等 . 2009. 我国 CO_2 捕集与封存的技术路线探讨 . 岩土力学 30（9）：2674-2678

李小春，刘延锋，白冰，等 . 2006. 中国深部咸水含水层 CO_2 储存优先区域选择 . 岩石力学与工程学报，25（05）：963-968

林慧岳 . 1992. 技术转移的历史透视 . 上海：自然信息，2：41-43

刘红卫，李爱华，赵国忠 . 2006. 角点网格传导率计算技术研究 . 大庆石油地质与开发，24（6）：35-36

刘建平，王金勋，李洪龙，等 . 1999. CO_2 气肥在大棚栽培中的应用 . 福建农业科技，5：28

刘志坚，廖建军，谭经品，等 . 2001. CO_2 加氢合成甲醇催化剂研究进展 . 石油与天然气化工，30：169-171

吕玉坤，豆中州，赵锴 . 2010. 整体煤气化联合循环（IGCC）发电技术发展与前景 . 应用能源技术，10：36-39

罗周全，吴亚斌，刘晓明，等 . 2008. 基于 SURPAC 的复杂地质体 FLAC3D 模型生成技术 . 岩土力学，29（5）：1334-1338

马楷，刘绍英，姚洁 . 2010. 金属醋酸盐催化合成聚丁二酸乙二醇酯预聚体和碳酸二甲酯 . 应

用化学，(27)：1276-1281

毛小平，张志庭，钱真 . 2012. 用角点网格模型表达地质模型的剖析及在油气成藏过程模拟中的应用 . 地质学刊，36（3）：265-273

壳牌集团 . 2012. 壳牌集团 2011 年可持续发展报告摘要 . http：//s01. static- shell. com/content/dam/shell/static/chn- zh/downloads/shell- sustainabilityreportchina2011. pdf

沈平平，江怀友，陈永武 . 2007. CO_2 注入技术提高采收率研究 . 特种油气藏 . 14：1-4

斯伦贝谢 . 2014a. 斯伦贝谢碳封存服务 . http：//www. slb. com/services/additional/carbon. aspx

斯伦贝谢 . 2014b. 斯伦贝谢碳封存服务亮点项目 . http：//www. slb. com/services/additional/coarbon/projects. aspx

宋海渤，黄旭日 . 油气储层建模方法综述 . 天然气勘探与开发，31（3）：53-57

苏幸，黄临平 . 2008. 基于不规则四面体的三维离散数据地质建模算法 . 物探与化探，32（2）：192-192

孙晓岭，曾凡桂，刘贺娟 . 2012. CO_2 地质封存和提高天然气采收率 . 科技通报，28（10）：11-16

田新军，沈红伟，陈雪莲 . 2006. 用 CO_2 减缓碱法地浸采铀中的化学沉淀堵塞 . 铀矿冶，25（1）：15-19

王锦秀，郝小红 . 2013. 微藻制取生物柴油的研究现状与发展 . 能源工程，1：40-43

王琳，朱振旗，徐春保，等 . 2012. 微藻固碳与生物能源技术发展分析 . 中国农业大学学报，6：032

王明华，白云 . 2006. 三维地质建模研究现状与发展趋势 . 土工基础，20（4）：68-70

王阳，贾莹光，李振中 . 2008. 燃煤烟气氨法 CO_2 减排技术的研究. 电力设备，9（5）：17-20

吴永彬，张义堂，刘双双 . 2007. 基于 PETREL 的油藏三维可视化地质建模技术 . 石油工业计算机应用，15（1）

徐能雄 . 2009. 适于数值模拟的三维工程地质建模方法 . 岩土工程学报，(11)：1710-1716

徐孝轩，宫敬，邓道明 . 2003. 多相流管道清管模型研究概况 . 中国海上油气（工程），15（4）：21-24

许志刚，陈代钊，曾荣树 . 2007. CO_2 的地质埋存与资源化利用进展 . 地球科学进展，22（7）：698-707

晏水平等 . 2006. 烟气中 CO_2 化学吸收法脱除技术分析与进展 . 化工进展，25（9）：1018-1024

杨善林，郑丽，冯南平，等 . 2013. 技术转移与科技成果转化的认识及比较 . 北京：中国科技论坛，12：116-122

叶建平，冯三利，范志强 . 2007. 沁水盆地南部注 CO_2 提高煤层气采收率微型先导性试验研究. 石油学报，28（4）：77-80

于笑丹等 . 2014. 燃煤电厂烟道气溶剂法 CO_2 捕集技术探讨 . 石油石化节能与减排，4（2）：30-37

张二勇，李旭峰，何锦，等 . 2009. 地下咸水层封存 CO_2 的关键技术研究 . 地下水，31（3）：15-19

张士运 . 2014. 技术转移体系建设理论与实践 . 北京：中国经济出版社

张渭军. 2011. 基于四面体的地质体可视化与剖分研究. 金属矿山，(1)：85-88

张运东，李春新，赵星. 2008. 斯伦贝谢公司基本专利布局及其发展趋势. 国际石油经济，(9)：15-19

郑楚光，赵永椿，郭欣. 2014. 中国富氧燃烧技术研发进展. 中国电机工程学报，34（23）：3856-3864

Aaron Douglas，Costas Tsouris. 2005. Separation of CO_2 from flue gas：a review. Separation Science and Technology，40（1-3）：321-348

Abu-Zahra，Mohammad R M，Léon HJ Schneiders，et al. 2007. CO_2 capture from power plants：Part I. A parametric study of the technical performance based on monoethanolamine. International Journal of Greenhouse Gas Control，1：37-46

Acharya R C，Keller W. 2007. Technology Transfer through Imports . National Bureau of Economic Research，No. wl3086

Aghion P，Howitt P. 1992. A model of growth through creative destruction. Econometrica：Journal of the Econometric Society，60（2）：323-351

Akimoto K，Takagi M，Tomoda T. 2007. Economic evaluation of the geological storage of CO_2 considering the scale of economy. International journal of greenhouse gas control，1（2）：271-279

Alie Colin. 2004. CO_2 capture with MEA：integrating the absorption process and steam cycle of an existing coal-fired power plant.

Al-Hashami，Ren S R，Tohidi B. 2005. CO_2 injection for enhanced gas recovery and geo-storage：reservoir simulation and economics . SPE Europec/EAGE Annual Conference. Madrid，Spain

Aydin G，Karakurt I，Aydiner K. 2010. Evaluation of geologic storage options of CO_2：Applicability，cost，storage capacity and safety. Energy Policy，38（9）：5072-5080

Bachu S. 2008. CO_2 storage in geological media：role，means，status and barriers to deployment. Progress in Energy and Combustion Science，34：254-273

Barbara N M. 2012. CO_2 utilization options task force. CSLF-T

Bozeman B. 2000. Technology transfer and public policy：a review of research and theory. Research Policy，29 ：627- 655

Christian K，Hartmut S. 2010. Modelling of an IGCC Plant With Carbon Capture for 2020. Fuel Processing，91：934-941

Christoffersson A，Husebye E S. 1979. On three-dimensional inversion of P wave time residuals：Option for geological modeling. Journal of Geophysical Research：Solid Earth（1978-2012），84（B11）：6168-6176

Dorothy Leonard- Barton. 1995. Wellsprings of knowledge：building and sustaining the sources of innovation. Cambridge：Harvard Busines School Press

Du Naiying，Ho Bum Park，Gilles P Robertson，et al. 2011. Polymer nanosieve membranes for CO_2-capture applications. Nature Materials，10（5）：372-375

Fouillac C，Sanjuan B，Gentier S. 2004. Could sequestration of CO_2 be combined with the development of enhanced geothermal systems? Third Annual Conferenceon Carbon Capture and Sequestration. Alexandria, VA

Friedmann S J, Dooley J J, Held H, et al. 2006. The low cost of geological assessment for underground CO_2 storage: Policy and economic implications. Energy Conversion and Management, 47 (13): 1894-1901

Gadonneix. 2010. Survey of energy resources: focus on shale gas. World Energy Council. London, United Kingdom

Harun, Noorlisa, Peter L Douglas, et al. 2011. Dynamic Simulation of MEA Absorption Processes for CO_2 Capture from Fossil Fuel Power Plant. Energy Procedia, 4: 1478-1485

Hu Q, Sommerfeld M, Jarvis E, et al. 2008. Microalgal triacylglycerols as feedstocks for biofuel production: perspectives and advances. The Plant Journal, 54 (4): 621-639

Houlding S. 2012. 3D geoscience modeling: computer techniques for geological characterization. Springer Science & Business Media.

IEA. 2008a. World Energy Out look 2008. http: //www. iea. org/textbase/nppdf/free/2008/weo2008. pdf

IEA. 2008b. CO_2 capture and storage - A key carbon abatement option. International Energy Agency, OECD, Paris

IPCC. 2005a. Carbon dioxide capture and storage. http: //www. ipcc. ch/pdf/special-reports/srccs/

IPCC. 2005b. IPCC special report on carbon dioxide capture and storage. Working Group III of the Intergovernmental Panel on Climate Change. Cambridge: Cambridge University Press

IPCC. 2007. Climate change 2007: the physical science basis. New York: Cambridge University Press

Jervey M T. 1988. Quantitative geological modeling of siliciclastic rock sequences and their seismic expression

Jiang X, Akber Hassan W A. 2013. Gluyas J. Modelling and monitoring of geological carbon storage: A perspective on cross-validation. Applied Energy, 112: 784-792

Jose'D. Figueroa, Timothy Fout, Sean Plasynski, et al. 2008. Advances in CO_2 capture technology—the U. S. department of energy's carbon sequestration program. International Journal of Greenhouse Gas Control, 2: 9-20

Kaufmann O, Martin T. 2008. 3D geological modelling from boreholes, cross-sections and geological maps, application over former natural gas storages in coal mines. Computers & Geosciences, 34 (3): 278-290

Kinder Morgan CO_2 Company, Canyon Reef Carriers Pipeline (CRC) . 2009. http: //www. kindermorgan. com/business/CO_2/transport_ canyon_ reef. cfm

Kuuskraa V, Ferguson R, Leeuwen T V. 2009. Storing CO_2 with next generation CO_2-EOR technology. National Energy Technology Laboratory

Lam M K, Lee K T, Mohamed A R. 2012. Current status and challenges on microalgae-based carbon capture. International Journal of Greenhouse Gas Control, 10: 456-469

Lee M J, Jang Y N, Ryu K W et al. 2012. Mineral carbonation of flue gas desulfurization gypsum for CO_2 sequestration. Energy, 47 (1): 370-377

Lemonidou A A, Vasalos I A. 2002. Carbon dioxide reforming of methane over 5 wt. % Ni/CaO-Al2O3 catalyst. Applied Catalysis A, 228: 227-235

Li Q, Wei Y N, Liu G. 2013. Feasibility of the combination of CO_2 geological storage and saline water development in sedimentary basins of China. Energy Procedia, 37: 4511-4517

Mallet J L. 1992. GOCAD: a computer aided design program for geological applications//Three-dimensional modeling with geoscientific information systems. Netherlands: Springer

Mc Gonagle L. 1998. A review of ISL mining at the highland uranium project . Proceeding of North American Mineral Processors Meeting . Ontario

Metz Bert. 2005. IPCC special report on carbon dioxide capture and storage: Prepared by working group III of the intergovernmental panel on climate change. IPCC, Cambridge University Press: Cambridge, United Kingdom and New York, USA 4

Miller J E, Allendorf M D, Diver R B, et al. 2008. Metal oxide composites and structures for ultra-high temperature solar thermochemical cycles. Journal of Materials Science, 43: 4714-4728

Mohamed Kanniche. 2007. Chakib Bouallou. CO_2 capture study in advanced integrated gasification combined cycle . Applied Thermal Engineering, 27: 2693-2702

Norsker N H, Barbosa M J, Vermuë M H, et al. 2011. Microalgal production-a close look at the economics. Biotechnology Advances, 29 (1): 24-27

Papiernik B, Machowski G, Poprawa P, et al. 2015. Multiscale 3D Modeling for Evaluation of Shale Gas Resources in Western Part of the Baltic Basin-Preliminary Results//77th EAGE Conference and Exhibition 2015

Park D, Zilberman D. 1993. University technology transfers: impacts on local and us economics. Contemporary Policy, 11 (2): 87-96

Perry M, Eliason D. 2004. CO_2 recovery and sequestration at Dakota Gasification Company. Beulah, ND, Dakota Gasification Company

Phmd H E R. 2009. CO_2 storage and enhanced coalbed methane recovery: reservoir characterization and fluid flow simulations of the big george coal. International Journal of Greenhouse Gas Control, 773: 86

Pruess K. 2008. On production behavior of enhanced geothermal systems with CO_2 as working fluid. Energy Conversion and Management, 49 (6): 1446-1454

Rebscher, Dorothee, Oldenburg, et al. 2005. Sequestration of carbon dioxide with enhanced gas recovery- case study. Altmark, North German Basin. USDOE. Assistant Secretary for Fossil Energy. Coal, 19: 659-724

Spolaore P, Joannis-Cassan C, Duran E, et al. 2006. Commercial applications of microalgae. Journal of Bioscience and Bioengineering, 101 (2): 87-96

Styring P, Jansen D, de Coninck H, et al. 2011. Carbon capture and utilization in the green economy. The Center for Low Carbon Future 2011

Styring P, Jansen D, de Coninck H, et al. 2011. Carbon Capture and Vtilisation in the Green Elonomy. CO_2 CHEM Media & Publishing, ISBN: 978-0-9572588-1-5

Supap, Teeradet, et al. 2009. Kinetics of sulfur dioxide- and oxygen- induced degradation of aqueous monoethanolamine solution during CO_2 absorption from power plant flue gas streams. International Journal of Greenhouse Gas Control, 3 (2): 133-142

Turner A K, Gable C W. 2007. A review of geological modeling. Three-Dimensional Geologic Mapping for Groundwater Applications, 81

Van Bergen F, Gale J, Damen K J, et al. 2004. Worldwide selection of early opportunities for CO_2-enhanced oil recovery and CO_2-enhanced coal bed methane production. Energy, 29 (9): 1611-1621

Victor Vilarrasa, Sebastia Olivella, Jesus Carrera. 2011. Geomechanical stability of the caprock during CO_2 sequestration in deep saline aquifers. Energy Procedia

Wenling LIU. 2008. Geological modeling technique for reservoir constrained by seismic data . Acta Petrolei Sinica, 1: 013

WRI. 2008. Guidelines for Carbon Dioxide Capture Transport and Storage, World Resources Institute